智能制造系统集成

主 编	雷红华	雷俊峰	公 相
副主编	秦凯歌	田习文	李雪婧
	余 轩	高 祥	薛嘉鑫
参 编	金 鸣	郭 成	张 伟
	夏金星	邵 鹏	

北京理工大学出版社
BEIJING INSTITUTE OF TECHNOLOGY PRESS

内 容 简 介

本书以北京华航唯实机器人科技股份有限公司的 CHL – DS – 11 型智能制造单元系统集成应用平台作为实训载体设备进行教学工作。本书介绍先进制造业数字化生产设备中典型的智能制造单元及其在一定生产工艺要求下的集成调试思路和应用方法，然后以汽车零部件加工打磨检测工序的智能制造单元为背景，实现装备制造和信息跨专业多技术融合。本书所用平台集成智能仓储物流、工业机器人、数控加工、智能检测等模块，可以满足轮毂产品的定制化生产制造要求。本书针对传统制造生产系统向智能制造单元技术升级的实际问题，让学生实践从系统功能分析、系统集成设计、成本控制、布局规划到安装部署、编程调试、优化改进等完整的项目周期，考查学生的技术应用、技术创新和协调配合能力。

本书既可作为应用型本科院校的机器人工程、自动化、机械设计制造及其自动化、智能制造工程等专业，以及高职高专院校的工业机器人技术、电气自动化技术、机电一体化等专业的教材，也可作为工程技术人员的参考资料和培训用书。

图书在版编目（CIP）数据

智能制造系统集成／雷红华，雷俊峰，公相主编.

北京：北京理工大学出版社，2025. 1.

ISBN 978 – 7 – 5763 – 4885 – 9

Ⅰ . TH166

中国国家版本馆 CIP 数据核字第 2025Q9F706 号

责任编辑：钟　博　　文案编辑：钟　博
责任校对：周瑞红　　责任印制：李志强

出版发行／北京理工大学出版社有限责任公司

社　　址／北京市丰台区四合庄路 6 号

邮　　编／100070

电　　话／（010）68914026（教材售后服务热线）
　　　　　（010）63726648（课件资源服务热线）

网　　址／http://www.bitpress.com.cn

版印次／2025 年 1 月第 1 版第 1 次印刷

印　　刷／三河市天利华印刷装订有限公司

开　　本／787 mm×1092 mm　1/16

印　　张／10. 5

字　　数／228 千字

定　　价／68. 00 元

前　言

随着"中国制造2025"战略规划的推进，加快智能制造技术应用已成为落实工业化和信息化深度融合、打造制造强国的重要措施和实现制造业转型升级的关键所在。为了落实《制造业人才发展规划指南》，精准对接装备制造业重点领域人才需求，满足复合型技术技能人才的培养需要，支撑智能制造产业发展，编者编写了本书。

"智能制造系统与集成"课程是智能制造专业群中工业机器人技术专业的核心课程，可作为相应的"1＋X"技能证书类课程开设。该课程根据高职教学特色将与集成调试操作和编程相关的理论知识及实操任务同时整合到教学活动中，使理论基础与实训教学有效衔接，以培养学生的综合职业能力。

该课程的前导课程是"工业机器人虚拟仿真与应用编程"，后续课程是"智能产线虚拟构建""顶岗实习"。该课程针对智能制造系统的集成应用职业岗位，学习该课程后学生应具有设备系统各模块联网设置、系统通信测试与调试、系统功能测试与调试、工业机器人操作与编程等专业技能，能在生产一线从事工业机器人集成应用系统的操作、调试、维护及技术服务等工作，同时具有观察、分析和解决问题，团队协作，沟通表达等能力和综合素质。

本书由襄阳职业技术学院雷红华、雷俊峰和公相担任主编，襄阳职业技术学院秦凯歌、田习文、李雪婧、余轩、高祥和湖北工业职业技术学院薛嘉鑫担任副主编。其中公相负责教材整体设计以及项目一～项目三的编写，雷红华负责项目四的编写，雷俊峰和秦凯歌负责项目五的编写，田习文和李雪婧负责项目六的编写，余轩、薛嘉鑫和高祥锐负责项目七的编写。感谢北京华航唯实机器人科技股份有限公司对本书的资源支持。金鸣、郭成、张伟、夏金星和邵鹏负责本书部分内容的编写和数字化资源的制作。

本书具体学时分配如下表所示。

序号	项目	任务	教学内容及要求	教学组织	参考学时
1	智能制造单元的认识与集成拼装	1. 认识智能制造单元	1. 了解轮毂产品的结构。 2. 重点认识智能制造单元的构成与功能。 3. 重点认识智能制造单元的电气端口。 4. 重点认识智能制造单元的通信模块与接口	1. 在多媒体教室讲解、演示。 2. 在工业机器人集成实训室实训	6

序号	项目	任务	教学内容及要求	教学组织	参考学时
1	智能制造单元的认识与集成拼装	2. 拼装智能制造单元形成集成工作站	1. 熟悉智能制造单元系统集成应用平台的电气以及通信接口。 2. 熟悉控制系统的通信方式。 3. 了解执行单元工业机器人的有效工作空间。 4. 熟悉集成系统布局的规划方法和优化方法	1. 在多媒体教室讲解、演示。 2. 在工业机器人集成实训室实训	6
2	工业机器人末端工具换取工作站调试与应用	1. 工业机器人的认识、操作及末端工具的快换接头安装	1. 重点掌握末端工具快换接头的安装及气路连接的方法。 2. 了解末端工具快换接头在仿真系统中的三维建模方法	1. 在多媒体教室讲解、演示。 2. 在工业机器人集成实训室实训	10
		2. 操作工业机器人示教器与手动操作工业机器人拾取末端工具	1. 工业机器人工具坐标系的定义及常用的 TCP 设定方法。 2. 工业机器人工件坐标系的定义。 3. 工业机器人工件坐标系的测量。 4. ABB 常用标准 I/O 板配置方法及数字输入/输出信号的配置方法。 5. ABB 工业机器人程序数据的分类、存储、建立		
		3. 通过工业机器人基本编程实现自动拾取末端工具	1. RAPID 程序的组成及架构。 2. 常用的 RAPID 程序指令：运动指令、I/O 控制指令、赋值指令、条件判断指令 IF、重复执行判断指令 FOR 和分支循环指令 TESE – CASE。 3. RAPID 程序的编程		
3	执行单元的集成调试与应用	1. 远程 I/O 模块通信适配	1. DeviceNet 通信与 PROFINET 通信。 2. PLC 与 SmartLink 远程 I/O 模块之间的 PROFINET 通信配置。 3. 工业机器人与 SmartLink 远程 I/O 模块之间的 DeviceNet 通信配置	1. 在多媒体教室讲解、演示。 2. 在工业机器人集成实训室实训	8
		2. 伺服轴运动控制	1. PTO 相对位置控制、回原点、绝对运动控制、速度控制编程与调试。 2. S7 – 1200 PLC 通过发送 PTO 脉冲到步进驱动器或伺服驱动器，控制步进电动机或伺服电动机运转，从而控制单轴丝杠做直线运动的过程		

序号	项目	任务	教学内容及要求	教学组织	参考学时
4	仓储单元的集成调试与应用	1. PLC 通信与仓储单元自检控制	1. Modbus TCP 通信应用。 2. 开放式用户通信应用	1. 在工业多媒体教室讲解、演示。 2. 在工业机器人集成实训室实训	10
		2. 仓储单元的集成和功能调试——A1/A2 流程的实现	1. 仓储单元的远程 I/O 模块组态。 2. 仓储单元的 A1/A2 流程的 PLC 编程。 3. 实现 A1/A2 流程的工业机器人编程		
5	检测单元的集成调试与应用	1. 欧姆龙机器视觉系统应用	1. 欧姆龙机器视觉系统硬件。 2. 欧姆龙机器视觉系统软件的使用方法。 3. 不同颜色标签、图形形状、二维码的检测方法	1. 在多媒体教室讲解、演示。 2. 在工业机器人集成实训室实训	6
		2. 欧姆龙 FH – L550 系统与工业机器人通信	1. 欧姆龙 FH – L550 系统通信设置方法。 2. 检测信息回传编程方法		
6	打磨单元与分拣单元的集成调试与应用	1. 打磨单元的集成调试与应用	1. 翻转工装功能的程序编写及调试。 2. 轮毂正反面打磨的程序编写及调试	1. 在多媒体教室讲解、演示。 2. 在工业机器人集成实训室实训	12
		2. 分拣单元的集成调试与应用	1. 分拣功能的程序编写及调试。 2. 轮毂正反二维码取余分拣的程序编写及调试		
7	智能制造系统的综合集成调试与应用	轮毂的打磨、检测分拣、出入库综合调试	重点掌握智能制造系统的综合集成调试与应用的方法	学生实训	12
	总计				64

编者

目　　录

项目一　智能制造单元的认识与集成拼装 ……………………………………… 1

　任务1.1　认识智能制造单元 ……………………………………………………… 1
　　任务描述 ……………………………………………………………………………… 1
　　学习目标 ……………………………………………………………………………… 1
　　知识准备 ……………………………………………………………………………… 2
　　　1. 什么是基于工业机器人系统集成的智能制造技术 ………………………… 2
　　　2. 基于工业机器人系统集成的智能制造技术的发展 ………………………… 2
　　　3. 基于工业机器人系统集成的智能制造技术方案 …………………………… 3
　　　4. 智能制造与工业柔性生产制造 ……………………………………………… 4
　　　5. 智能制造单元的构成以及轮毂产品的结构 ………………………………… 5
　　任务实施与评价 ……………………………………………………………………… 6
　任务1.2　拼装智能制造单元形成集成工作站 ………………………………… 10
　　任务描述 ……………………………………………………………………………… 10
　　学习目标 ……………………………………………………………………………… 11
　　知识准备 ……………………………………………………………………………… 11
　　　1. 工业机器人的有效工作空间 ………………………………………………… 11
　　　2. 集成系统布局的要求 ………………………………………………………… 12
　　　3. 集成系统的总体通信方式 …………………………………………………… 14
　　任务实施与评价 ……………………………………………………………………… 15

项目二　工业机器人末端工具换取工作站调试与应用 …………………… 19

　任务2.1　工业机器人的认识、操作及末端工具的快换接头安装 …………… 19
　　任务描述 ……………………………………………………………………………… 19
　　学习目标 ……………………………………………………………………………… 19
　　知识准备 ……………………………………………………………………………… 20
　　　1. 工业机器人的分类 …………………………………………………………… 20
　　　2. 工业机器人的特点 …………………………………………………………… 22
　　　3. 工业机器人的操作原则 ……………………………………………………… 23

4. 工业机器人操作安全注意事项 ………………………………………… 24

5. 工业机器人本体及控制柜 ………………………………………………… 25

6. 工业机器人的手动操作 …………………………………………………… 26

7. 工业机器人更新转数计数器 ……………………………………………… 28

8. 工业机器人的备份与恢复 ………………………………………………… 28

9. 末端工具的快换接头 ……………………………………………………… 29

任务实施与评价 ……………………………………………………………… 30

任务2.2　操作工业机器人示教器与手动操作工业机器人拾取末端工具 ……… 34

任务描述 ……………………………………………………………………… 34

学习目标 ……………………………………………………………………… 34

知识准备 ……………………………………………………………………… 35

1. 各种坐标系介绍 …………………………………………………………… 35

2. 示教工具坐标系 …………………………………………………………… 37

3. 示教工件坐标系 …………………………………………………………… 38

4. 认识 ABB 工业机器人标准 I/O 板 ……………………………………… 39

5. 配置 ABB 工业机器人标准 I/O 板 ……………………………………… 40

6. 定义数字输入、输出信号 ………………………………………………… 40

7. 手动操作工业机器人拾取末端工具 ……………………………………… 40

任务实施与评价 ……………………………………………………………… 42

任务2.3　通过工业机器人基本编程实现自动拾取末端工具 ………………… 45

任务描述 ……………………………………………………………………… 45

学习目标 ……………………………………………………………………… 45

知识准备 ……………………………………………………………………… 45

1. 认识 RAPID 程序 ………………………………………………………… 45

2. 工业机器人数据存储类型 ………………………………………………… 46

3. 运动指令 …………………………………………………………………… 46

4. I/O 控制指令 ……………………………………………………………… 48

5. 逻辑判断指令 ……………………………………………………………… 49

6. 坐标偏移指令 offs ………………………………………………………… 50

任务实施与评价 ……………………………………………………………… 50

项目三　执行单元的集成调试与应用 ………………………………………… 54

任务3.1　远程 I/O 模块通信适配 …………………………………………… 54

任务描述 ……………………………………………………………………… 54

学习目标 ……………………………………………………………………… 54

知识准备 ……………………………………………………………………… 55

1. 工业网络 …………………………………………………………………… 55

2. 现场总线 …………………………………………………………………… 57

  3. 工业机器人与 SmartLink 远程 I/O 模块之间的 DeviceNet 通信配置 ········ 58

  4. S7 – 1200 PLC ········ 59

  5. PLC 与 SmartLink 远程 I/O 模块之间的 PROFINET 通信配置 ········· 61

  6. GSD 文件安装 ········ 64

  任务实施与评价 ········ 64

任务3.2 伺服轴运动控制 ········ 67

  任务描述 ········ 67

  学习目标 ········ 67

  知识准备 ········ 67

  1. 伺服控制系统组成原理 ········ 67

  2. 伺服电动机的原理与结构 ········ 68

  3. 伺服驱动器的控制模式 ········ 68

  4. 三菱 MR – JE 伺服驱动器应用基础 ········ 70

  5. MR – JE 伺服驱动器控制模式接线 ········ 73

  6. 电子齿轮功能与电子齿轮比参数 ········ 73

  7. S7 – 1200 PLC 的运动控制 ········ 75

  8. 运动控制相关指令 ········ 77

  任务实施与评价 ········ 80

项目四 仓储单元的集成调试与应用 ········ 84

任务4.1 PLC 通信与仓储单元自检控制 ········ 84

  任务描述 ········ 84

  学习目标 ········ 84

  知识准备 ········ 84

  1. Modbus TCP 通信应用基础 ········ 84

  2. 开放式用户通信应用基础 ········ 87

  3. 仓储单元的组成 ········ 90

  任务实施与评价 ········ 91

任务4.2 仓储单元的集成和功能调试——A1/A2 流程的实现 ········ 93

  任务描述 ········ 93

  学习目标 ········ 93

  知识准备 ········ 94

  1. 仓储单元与工业机器人之间的通信 ········ 94

  2. 任务分析 ········ 96

  任务实施与评价 ········ 98

项目五　检测单元的集成调试与应用 ································· 102

任务5.1　欧姆龙机器视觉系统应用 ································· 102
任务描述 ··· 102
学习目标 ··· 102
知识准备 ··· 103
  1. 视觉检测系统工作原理 ··························· 103
  2. 工业机器人与机器视觉系统的通信方式 ··········· 106
  3. 欧姆龙机器视觉系统硬件介绍 ··················· 106
  4. 欧姆龙机器视觉系统软件使用介绍 ··············· 108
任务实施与评价 ··· 119

任务5.2　欧姆龙 FH－L550 系统与工业机器人通信 ·············· 121
任务描述 ··· 121
学习目标 ··· 121
知识准备 ··· 122
  1. 欧姆龙 FH－L550 系统通信方式 ················· 122
  2. 欧姆龙 FH－L550 系统 IP 地址设定 ············· 122
  3. 欧姆龙 FH－L550 系统通信指令与回传结果 ······· 124
任务实施与评价 ··· 127
附：强化拓展训练题 ······································· 128

项目六　打磨单元与分拣单元的集成调试与应用 ················· 130

任务6.1　打磨单元的集成调试与应用 ························· 130
任务描述 ··· 130
学习目标 ··· 130
知识准备 ··· 131
  1. 翻转工装的硬件组成 ··························· 131
  2. 翻转工装的使用规则 ··························· 132
任务实施与评价 ··· 132

任务6.2　分拣单元的集成调试与应用 ························· 134
任务描述 ··· 134
学习目标 ··· 135
知识准备 ··· 135
任务实施与评价 ··· 136

项目七　智能制造系统的综合集成调试与应用 ·························· 138

任务描述 ···································· 138

学习目标 ···································· 138

知识准备 ···································· 139

　　1. "1+X" 证书中 "工业机器人集成应用职业技能等级证书" 的初级
　　　　考核模拟试题 ······················· 139

　　2. "1+X" 证书中 "工业机器人集成应用职业技能等级证书" 的中级
　　　　考核试题 ·························· 142

任务实施与评价 ······························ 150

项目一 智能制造单元的认识与集成拼装

任务1.1 认识智能制造单元

平台各单元
的功能

任务描述

在学习智能制造技术之前，需要先了解什么是工业机器人系统集成，它的发展是怎样的，以及基于工业机器人系统集成的智能制造技术方案是如何规划的。这会加深对工业机器人系统集成的认识，使得在之后的智能制造系统与集成的学习中有的放矢，事半功倍。

本项目以智能制造技术应用为核心，以汽车零部件加工打磨检测工序的智能制造单元为背景，实现装备制造和信息跨专业多技术融合。智能制造单元系统集成应用平台集成智能仓储物流、工业机器人、数控加工、智能检测等模块，利用物联网、工业以太网实现信息互连，融入制造执行系统（Manufacturing Execution System，MES）实现数据采集与可视化，接入云服务实现一体化联控，满足轮毂产品的定制化生产制造需要。

学习目标

知识目标
（1）了解工业柔性生产制造的概念以及特点。
（2）了解智能制造单元系统集成应用平台各个单元的结构以及功能。
（3）了解轮毂产品的结构。
（4）了解基于工业机器人系统集成的智能制造技术的发展及技术方案的规划方法。

技能目标
（1）能根据客户需求拟定一份基于工业机器人系统集成的智能制造技术方案。
（2）能描述智能制造单元系统集成应用平台的各个单元的结构与功能。

素质目标
（1）能与他人合作查阅资料，培养团队合作精神。
（2）在进行实训操作的过程中，遵守实训室操作规范，培养"7S"工作态度。

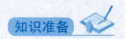

知识准备

1. 什么是基于工业机器人系统集成的智能制造技术

工业机器人系统集成是一种集硬件与软件于一体的新型自动化设备。其硬件涉及机械部分与电气部分，如工业机器人本体、可编程逻辑控制器（PLC）、工业机器人控制器、传感器以及周边设备等。它的优点是可以替代传统自动化设备。当工厂生产的产品需要更新加工工艺时，只需要重新编写工业机器人系统的程序，以及快速重新集成不同工作单元，而不需要重新设计生产线，大大降低了投资成本。

工业机器人系统集成的应用非常广泛，尤其在汽车制造领域，工业机器人系统集成主要用于汽车车身的焊接作业、汽车发动机的装配作业。现今在仓储物流管理领域，工业机器人系统集成用于物品的搬运和码垛。在电子、医药和精细化工领域，工业机器人与视觉检测的系统集成用于电子元器件、药品、化学试剂的分拣、配比、封装等。

随着我国人口红利的消失，国家提出了"中国制造2025"，工业机器人系统集成的应用将对社会的发展产生深远的影响，它的发展会进一步提高我国的劳动生产力，基于工业机器人系统集成的智能制造技术的应用将呈现井喷的态势。由此，作为职业院校的机电一体化专业学生，学好此项技术显得尤为重要。

2. 基于工业机器人系统集成的智能制造技术的发展

工业机器人系统集成的主要目的是使工业机器人实现自动化生产过程，从而提高效率，解放生产力。从产业链的角度看，工业机器人本体（单元）是工业机器人产业发展的基础，处于工业机器人产业链的上游，而工业机器人系统集成商则处于工业机器人产业链的下游应用端，为终端客户提供应用解决方案，负责工业机器人应用的二次开发和周边自动化配套设备的集成，是工业机器人自动化应用的重要组成部分。工业机器人下游终端产业大致可以分为汽车工业行业和一般工业行业。

在未来产业整合过程中，工业机器人系统集成会向如下几个方向发展。

1）从汽车工业行业向一般工业行业延伸

我国在汽车工业行业以外的其他行业集成业务迅速增加，从工业机器人在各个领域的销量可以看到工业机器人系统集成业务分布的变化。现阶段，汽车工业行业是国内工业机器人最大的应用市场。随着市场对工业机器人产品认可度的不断提高，工业机器人应用正从汽车工业行业向一般工业行业延伸。

我国工业机器人系统集成在一般工业行业中应用的热点和突破点主要在于3C电子、金属、食品饮料及其他细分市场。我国工业机器人系统集成商也可以逐渐从易到难，把握国内不同行业的不同需求，完成专业技术积累。

2）未来趋势是行业细分化

工业机器人系统集成的未来趋势是行业细分化。既然工艺是门槛，那么某家企业所掌握的工艺必然局限于某一个或几个行业，也就是说行业必将细分化。

仅我国江苏省苏州市从事工业机器人系统集成的企业就超过200家，而4～5年前仅有不到 30 家。汽车工业行业以外的行业工业机器人系统集成项目越来越多，细分领域增加会导致工业机器人系统集成商数量进一步增加。可以预见，未来几年行业集中度会进一步降低。参考国外经验，未来拥有核心竞争力且能够把 3C 等大体量行业集成业务做精的工业机器人系统集成商将脱颖而出，规模达到数十亿。

3）项目标准化程度将持续提高

工业机器人系统集成的另外一个趋势是项目标准化程度将持续提高，这有利于工业机器人系统集成商扩大规模。如果工业机器人系统集成中只有工业机器人本体是标准的，则整个项目的标准化程度仅为 30%~50%。现在很多工业机器人系统集成商在推动工业机器人本体加工工艺的标准化，未来工业机器人系统集成项目的标准化程度有望达到 75% 左右。

4）未来的发展方向是智慧工厂

智慧工厂是现代工厂信息化发展的一个新阶段。智慧工厂的核心是信息化、数字化。信息化、数字化将贯通生产的各个环节，从设计到生产制造的不确定性降低，从而缩短产品设计到生产的转化时间，并且提高产品的可靠性与成功率。

工业机器人系统集成商的业务未来向智慧工厂或数字化工厂方向发展，不仅进行硬件设备的集成，更多的是顶层架构设计和软件方面的集成。新松机器人公司近期数字化工厂订单增加，充分说明了这一趋势。

5）整合潮流难以抵挡

在未来的产业整合过程中，工业机器人系统集成能够在某个行业深入发展，掌握客户与渠道，对上游工业机器人本体厂商有议价权的标的，才能够在未来的发展中成为解决方案或者标准设备的供应商。目前低端应用的竞争尤为激烈，竞相降价造成的恶性竞争日趋激烈。预计不久即将迎来整个工业机器人系统集成产业的整合浪潮。

3. 基于工业机器人系统集成的智能制造技术方案

根据工业机器人应用及其系统集成的定义，结合相关文献、资料及案例的分析研究，可以将规划基于机器人系统集成的智能制造技术方案的步骤与方法总结如下。

1）分析工业机器人的工作任务

分析工业机器人本体的选型、工艺辅助软件的选用、末端执行器的选用或设计、外部设备的配合以及外部控制系统的设计，形成项目初步解决方案。

2）合理选择工业机器人

首先，根据工业机器人工作任务的工艺要求，初步确定工业机器人的品牌；然后，根据工业机器人的工作任务、操作对象以及工作环境等因素决定所需工业机器人的负载、最大运动范围、防护等级等性能指标，确定工业机器人的型号；最后，详细考虑诸如系统先进性、配套工艺软件、I/O 端口、总线通信方式、外部设备配合等问题。

3）合理选用或设计末端执行器

根据工业机器人操作需要达到的工艺水准和加工对象的情况，正确、合理地选用或设计末端执行器，让它们与工业机器人配合，从而使工业机器人完成预期的操作。

4）选择和使用离线仿真软件

使用离线仿真软件进行工业机器人工作路径规划、工艺参数管理和点位示教等操作。

5）进行外围控制系统的设计

在一般情况下，选用 PLC 作为外围控制系统的核心控制器件。

6）进行集成系统的通信设计

大规模集成系统的通信一般需要采用现场总线的通信协议，如 PROFIBUS、Modbus、PROFINET、CANopen、DeviceNet 等。

7）进行集成系统的安装与调试

在集成系统的安装阶段，需要严格遵守施工规范，保证施工质量。

4. 智能制造与工业柔性生产制造

柔性生产制造系统是由数控加工设备、物料运储装置和计算机控制系统等组成的自动化制造系统。它包括多个柔性制造单元，能根据制造任务或生产环境的变化快速做出反应。

生产柔性是指生产制造系统对用户需求变化的响应速度和对市场的适应能力。在平台化设计的策略下，具有产品谱系概念的生产企业逐渐将以前只能实现单一产品大批量生产的设备进行调整改造和升级，以求在一套设备或生产线上制造出同谱系下所有型号的产品。在这个过程中，生产柔性的概念逐渐得到了体现和重视。生产柔性可以体现在两个方面：一方面是种类柔性，即对不同种类产品生产的适应性；另一方面是时间柔性，即在不同产品生产状态间切换的效率。具有生产柔性和快速响应能力是大规模定制制造系统的主要特点。

智能制造单元系统集成应用平台就是生产柔性这一概念下的产物。它的柔性主要体现在以下几个方面。

1）设备柔性

设备柔性是指当要求生产一系列不同类型的产品时，机器随产品变化而加工不同零件的灵活性。例如，工业机器人末端工具的切换，可以适应抓取不同尺寸的轮毂的需要。

2）工艺柔性

工艺柔性是指工艺适应产品或原材料变化的能力。例如，预制检测流程可以检测形状、颜色、标码等，满足多种检测工艺要求。

3）产品柔性

产品柔性是指产品更新后，系统能够经济和迅速地生产出新产品并兼容老产品生产的能力。例如，智能制造单元的模块化设计支持生产同系列多种型号的轮毂产品。

4）扩展柔性

扩展柔性是指根据生产需要，扩展系统结构、增加模块，构成一个升级系统的能力。例如，合理扩充平台模块的种类和数量，并合理布局连接，可以实现更复杂的工艺流程。

5）信息柔性

信息柔性是指根据生产需要，对设备的不同状态进行选择性监控的能力。例如，可以在生产监控界面添加不同的交互信号及数据，用于监控当前轮毂产品的生产状态。

根据以上特点，可利用智能制造单元，根据轮毂产品的不同状态和要求，选择相应的生产工艺来完成不同轮毂产品的共线生产。例如，在某轮毂产品的生产过程中不需要打磨工艺，那么就可以将除打磨单元之外的其他单元结合，组成一个生产集成系统。再如，当数控加工成为轮毂产品生产节拍的瓶颈时，就可以在集成系统中添加两个或多个加工单元，使集成系统的功能性根据实际需求有所侧重。

5. 智能制造单元的构成以及轮毂产品的结构

智能制造单元系统集成应用平台集成智能仓储物流、工业机器人、数控加工、智能检测等模块，利用物联网、工业以太网实现信息互连，依托 MES 实现数据采集与可视化，接入云端借助数据服务实现一体化联控，满足轮毂产品的定制化生产制造需要，如图 1 – 1 所示。

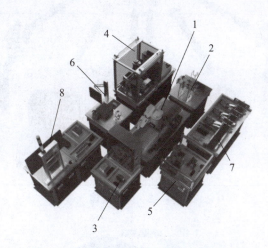

图 1 – 1　智能制造单元系统集成应用平台
1—执行单元；2—工具单元；3—仓储单元；4—加工单元；5—打磨单元；6—检测单元；
7—分拣单元；8—总控单元

智能制造单元系统集成应用平台以模块化设计为原则，每个单元均安装在可自由移动的独立台架上，远程 I/O 模块通过工业以太网实现信号监控和控制协调，用以满足不同的工艺流程和功能要求，充分体现出系统集成的功耗、效率及成本特性。每个单元的四边均可以与其他单元进行拼接，根据工序，自由组合成满足不同功能要求的布局形式，体现出集成系统设计过程中的空间规划特性。

智能制造单元系统集成应用平台的核心是利用工业以太网使原有设备层、现场层、应用层的控制结构扁平化，实现一网到底，使控制端与设备直接通信、多类型设备间信息兼容，在系统间进行大数据交换，同时在总控端融入云网络，实现数据远程监控和流程控制，网络搭建如图 1 – 2 所示。

以汽车工业行业的轮毂产品为对象（图 1 – 3），对轮毂产品进行生产，实现仓库取料、制造加工、打磨抛光、检测识别、分拣入位等生产工艺环节。

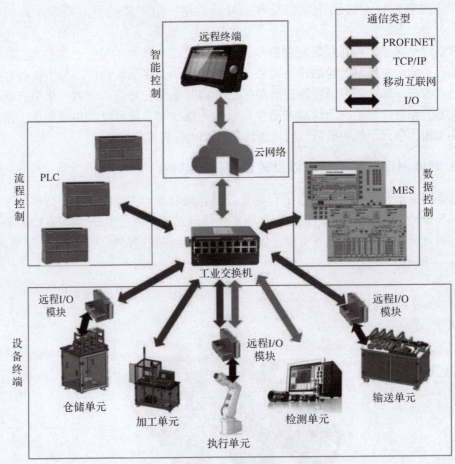

图 1-2　网络搭建

图 1-3　轮毂产品

 任务实施与评价

1. 任务实施准备

1) 安全生产所需的各种防护用品

工位、用电安全警告标志牌、安全帽、绝缘手套、急救包。

2）常用工具及设备

万用表、线扎带、内六角扳手套件、一字起子、十字起子、尖嘴钳、计算机、仿真虚拟软件、博途软件。

2. 实训资料准备

智能制造单元系统集成应用平台认识作业表、智能制造单元系统集成应用平台认识评价表。

3. 任务实施过程

智能制造单元系统集成应用平台认识作业表如表 1－1 所示。

表 1－1　智能制造单元系统集成应用平台认识作业表

姓名		班级		学号		工位	
平台是否正常上电		平台出现何种异常状况		异常状况出现在哪个单元		异常状况是否消失	
序号		单元			写出图中的机构名称并简述其功能、使用和维护方法		
1							
2							

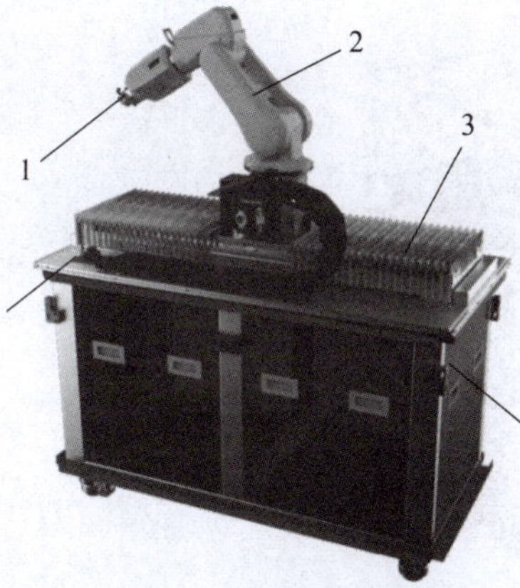

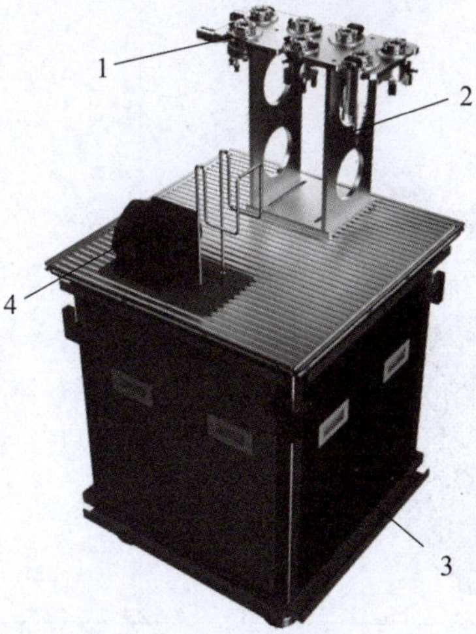

学习笔记

续表

序号	单元	写出图中的机构名称并简述其功能、使用和维护方法
3	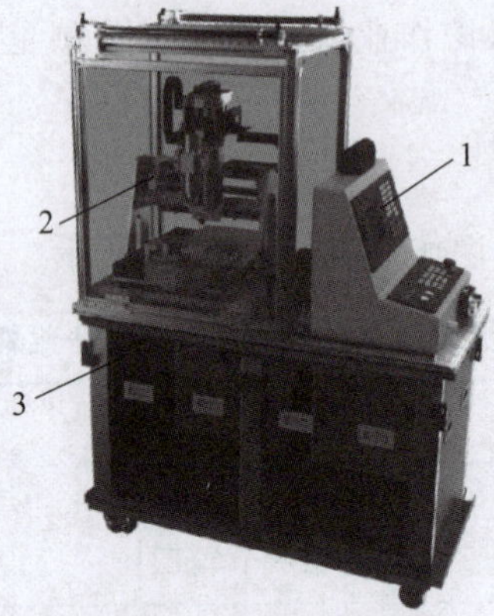	
4	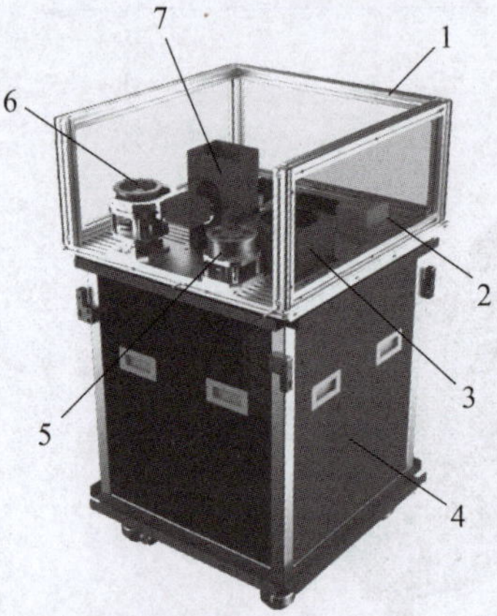	
5	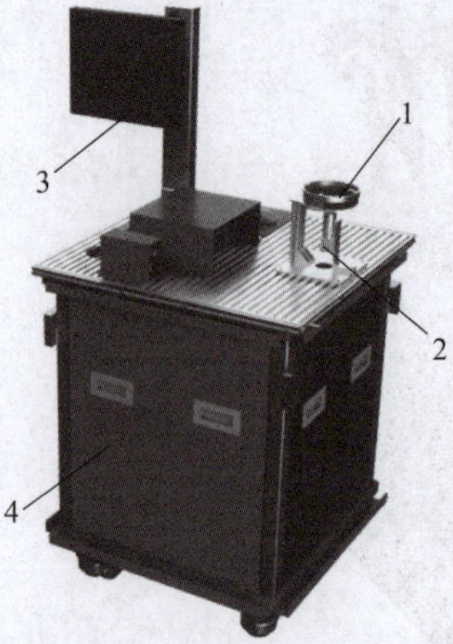	

续表

序号	单元	写出图中的机构名称并简述其功能、使用和维护方法
6	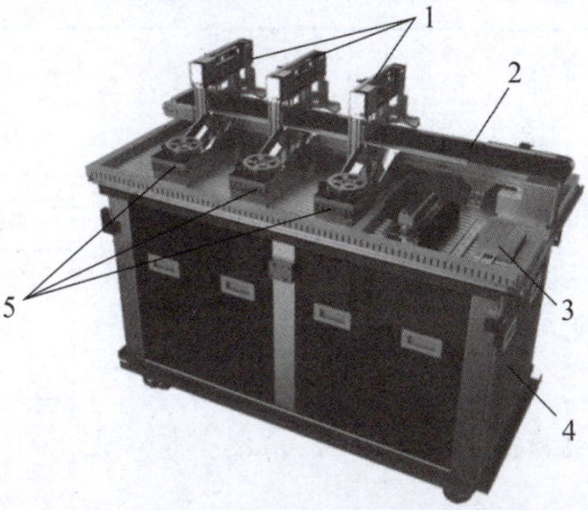	
7	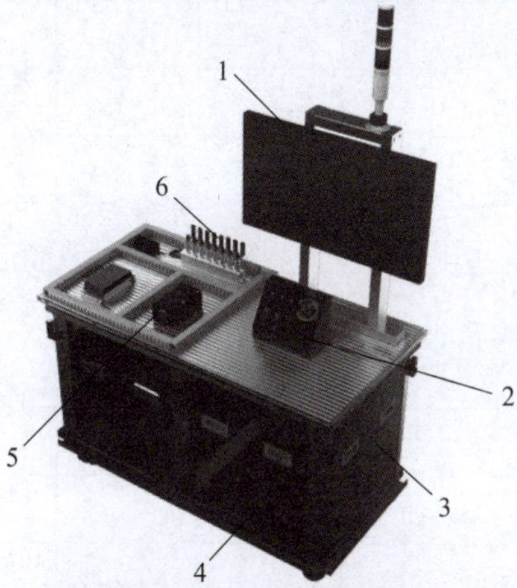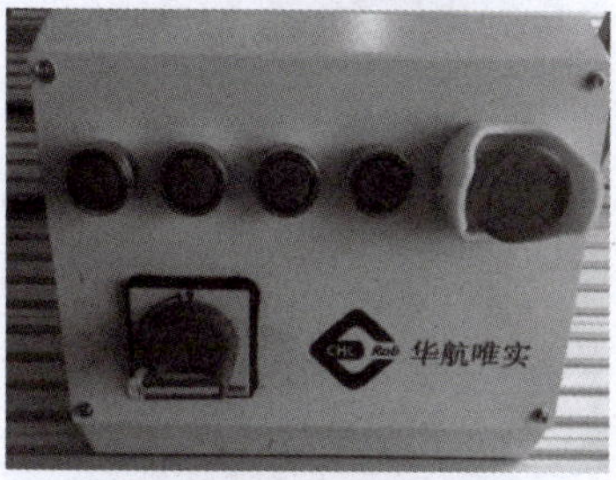	
8	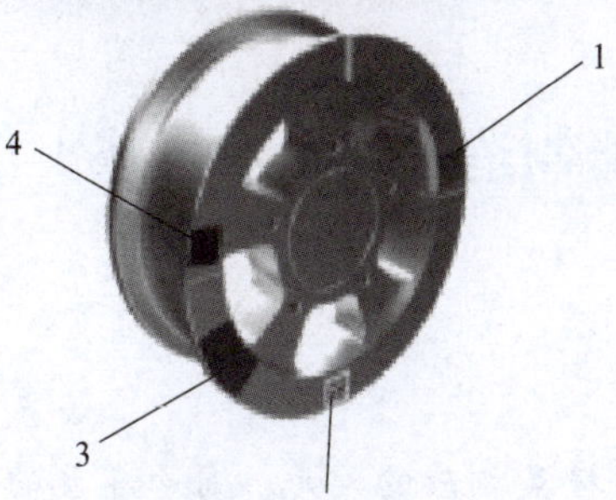	

学习笔记

4. 任务评价

智能制造单元系统集成应用平台认识评价表如表1-2所示。

表1-2 智能制造单元系统集成应用平台认识评价表

基本信息	姓名		学号		班级		工位	
	设备使用情况	无任何问题		有人为损坏			是否维护更新	
	规定时间		完成时间		考核日期		总评成绩	
考核内容	序号	细分步骤	完成情况		标准分	评分		
			完成	未完成				
	1	任务实施准备：设备检查、工具准备、安全保护			5			
	2	执行单元认知			10			
	3	工具单元认知			10			
	4	仓储单元认识			10			
	5	加工单元认知			10			
	6	打磨单元认知			10			
	7	检测单元认知			10			
	8	分拣认知			10			
	9	总控单元认知			10			
	10	轮毂产品认知			5			
"7S"管理完成情况	整理、整顿、清扫、清洁、素养、安全、节约				5			
团队协作					5			
教师评语								

 任务1.2 拼装智能制造单元形成集成工作站

 任务描述

　　根据集成系统设计方案的布局，摆放相应的单元，每个单元的四边均可以与其他单元进行拼接，根据工序，自由组合成满足不同功能要求

单元拼接介绍

的布局形式，体现集成系统设计过程中的空间规划特性。

本任务的内容如下。

（1）根据现场场地的限制，设计合理的布局。

（2）根据生产工艺，设计高效的布局。

（3）根据所生产产品，设计定制化产品生产的布局。

（4）布局遵循合理和安全原则，注意工业机器人的活动范围。

学习目标

知识目标

（1）熟悉智能制造单元系统集成应用平台的电气以及通信接口。

（2）熟悉控制系统的通信方式。

（3）了解执行单元工业机器人的有效工作空间。

（4）熟悉集成系统布局的规划方法和优化方法。

技能目标

（1）熟练掌握智能制造单元系统集成应用平台的电气连接方法。

（2）熟练掌握智能制造单元系统集成应用平台的通信组网方法。

（3）熟练掌握工业机器人的简单回零操作。

（4）熟练掌握各单元按不同规划方案集成布局的方法。

素质目标

（1）能与他人合作完成系统集成布局，培养团队合作精神。

（2）在进行实训操作的过程中，遵守实训室操作规范，培养"7S"工作态度。

知识准备

1. 工业机器人的有效工作空间

图1-4所示为工业机器人本体的工作空间。可以看出，单一工业机器人的工作空

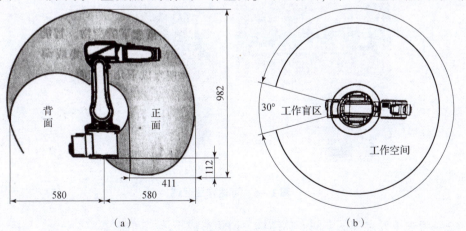

（a）　　　　　　　　　　　　（b）

图1-4　工业机器人本体的工作空间（单位：mm）

间比较有限，前、后运动极限半径不超过 580 mm，工业机器人一轴伴有 30°的旋转盲区，单凭工业机器人本体的工作空间，大部分智能制造工艺都不能实现。在实际智能制造过程中，这种矛盾会更加突出，因此需要对工业机器人的运动空间进行扩展。经过平移滑台的扩展，可以有效增加工业机器人的工作空间，执行单元可配合更多功能单元完成复杂的工艺流程，如图 1-5 所示。

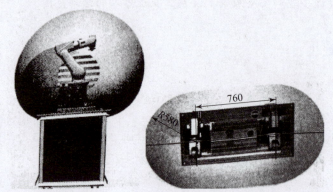

图 1-5 工业机器人＋平移滑台的工作空间扩展（单位：mm）

2. 集成系统布局的要求

其他单元都要与执行单元配合才能完成相应功能。在进行集成系统布局时要满足如下要求。

（1）可达作业区域必须在工业机器人的有效工作范围内。

这里的可达作业区域主要指与工业机器人直接作用的点，主要包括工具单元的工具取放点，加工单元、分拣单元的物料放置点，检测单元的检测点位，打磨单元的打磨区域和吹屑区域，仓储单元各仓位的取料点。在布局时，必须保证以上各作业区域均在执行单元的工作范围内，如图 1-6（a）所示。工具单元的整体位置相同，方向不同，然而图 1-6（b）所示的两个工具位对于工业机器人来说并不可达。

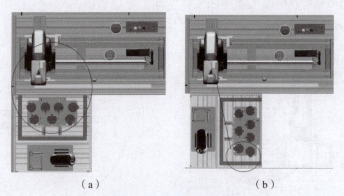

（a）   （b）

图 1-6 可达作业区域

（2）考虑单元之间的空间立体结构，避免造成干涉、碰撞。

对于某些单元，虽然其作业区域在执行单元的有效工作范围内，但进入其作业区域路径的比较单一或者某一部件较为突出，致使工业机器人在执行正常操作时可能发生碰撞。如图 1-7 所示，虽然加工作业区域在执行单元的有效工作范围内，但也要考虑安全门开门方向（箭头指向）、仓储单元出料方向（箭头指向），以免造成干涉、碰撞。

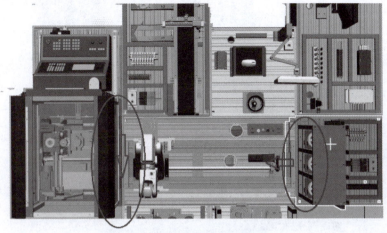

图 1-7　单元间的空间布局规划

（3）避免可达作业区域进入工作盲区造成奇异点。

打磨单元相对于执行单元背面位置布局，工业机器人加持轮毂在打磨工位上作业时，部分点位正处于工业机器人旋转盲区，因此工业机器人不能背面正对打磨单元作业区域的位置。当工业机器人背面斜对打磨单元时，吹屑工位位于工业机器人的极限位置，且防护栏的存在对工业机器人的运动路径有一定的要求。在实际操作中，对吹屑点位进行示教时比较容易出现"靠近奇点"事件。为了改善此情况，可以将打磨单元放置在执行单元的另一侧，且保证作业区域在执行单元的有效工作范围内，如图 1-8 所示。

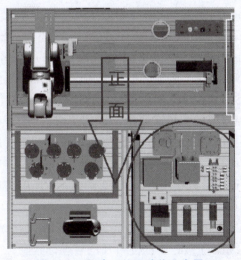

图 1-8　打磨工位可达作业布局

（4）进行合理的布局规划。

如图1-9所示，采取的流程是①取工具→②取料→③红蓝标签检测→④打磨翻转→⑤二维码检测→⑥数控加工→⑦分拣入库→⑧放置工具。对于加工工艺路径固定的制造过程，实现相邻工艺流程的单元最好在空间布局时搭配在一起，这样可以大大提高效率。

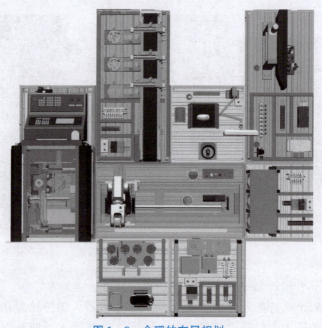

图1-9　合理的布局规划

控制系统总体
结构及通信方式

3. 集成系统的总体通信方式

利用工业以太网将原有设备模块、控制器、管理设备连接在一起，实现网络信息互连，集成系统的网络通信如图1-10所示。

（1）控制器与不同单元间的通信。总控单元PLC_1通过PROFINET协议，利用远程I/O方式扩展自身的I/O端口，从而与仓储单元、加工单元、打磨单元、分拣单元进行信号交互，自身的I/O端口与总控按钮连接。总控单元PLC_2通过自身的I/O端口直接与总控指示灯连接。执行单元PLC_3也通过自身的I/O端口与伺服驱动器连接。工业机器人通过DeviceNet协议，以标准I/O板实现对末端工具的控制。

（2）数控系统与PC、总控单元间的通信。PC需要对数控加工的实际情况进行信息采集，因此PC与数控系统的主机需要进行通信，通信协议为OPC UA。另外，数控系统PLC通过与加工单元的远程I/O模块连接实现与总控单元的通信，从而实现数控机床外设（防护门、夹具等）的控制及外设状态反馈。

（3）总控单元间的通信。PLC_1与PLC_2通过S7 TCP或Modbus TCP实现通信，实现总控按钮与总控指示灯的统一控制。

（4）总控单元与PC间的通信。PLC_1还通过POFINET协议与PC进行通信，用以在PC中搭建SCADA系统，对PLC中的变量及信号进行监控。

（5）工业机器人与PLC、控制器间的通信。工业机器人一方面通过DevietNet协议扩展自身的 I/O 端口，以扩展 I/O 端口分别与 PLC_1 和 PLC_3 进行通信，另一方面通过 TCP/IP 实现与控制器的数据交互，完成与检测单元的通信。

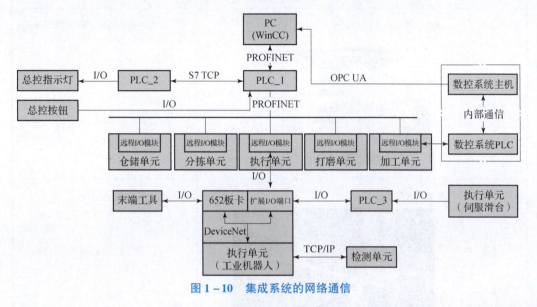

图 1-10　集成系统的网络通信

 任务实施与评价

1. 任务实施准备

1）安全生产所需的各种防护用品

工位、用电安全警告标志牌、安全帽、绝缘手套、急救包。

2）常用工具及设备

单元拼接实践

万用表、线扎带、内六角扳手套件、一字起子、十字起子、尖嘴钳、计算机、仿真虚拟软件、博途软件。

2. 实训资料准备

拼装智能制造单元形成集成工作站作业表、拼装智能制造单元形成集成工作站评价表。

3. 任务实施过程

拼装智能制造单元形成集成工作站作业表如表 1-3 所示。

表 1-3　拼装智能制造单元形成集成工作站作业表

姓名		班级		学号		工位	
平台是否正常上电		平台出现何种异常状况		异常状况出现在哪个单元		异常状况是否消失	
绘制集成系统的规划方案图							

序号	实训步骤及要点	
1	调节各单元的水平调脚轮 7 — 1 2 3 4 6 — 5	写出各部件的名称，简述调节方法：
2	安装单元间的连接片	简述连接片的安装方法：
3	1　　　　6 2 3　　　　7 4 5　　　　8 GREELOY 佳乐	写出气泵各部件名称，简述使用注意事项：
4	3 1 4 2	写出气动二联件的部件名称，简述使用方法：

学习笔记

学习笔记

序号	实训步骤及要点
5	按下图连接集成系统的气路 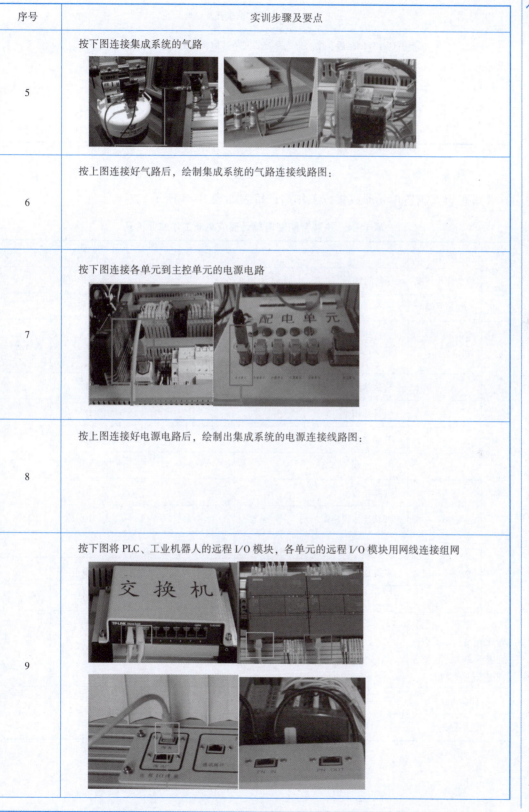
6	按上图连接好气路后，绘制集成系统的气路连接线路图：
7	按下图连接各单元到主控单元的电源电路
8	按上图连接好电源电路后，绘制出集成系统的电源连接线路图：
9	按下图将 PLC、工业机器人的远程 I/O 模块，各单元的远程 I/O 模块用网线连接组网

序号	实训步骤及要点
10	按上图连接好网络后，绘制集成系统的网络通信线路图：

4. 任务评价

拼装智能制造单元形成集成工作站评价表如表 1 – 4 所示。

表 1 – 4　拼装智能制造单元形成集成工作站评价表

基本信息	姓名		学号		班级		工位	
	设备使用情况	无任何问题		有人为损坏			是否维护更新	
	规定时间		完成时间		考核日期		总评成绩	
考核内容	序号	细分步骤	完成情况		标准分	评分		
			完成	未完成				
	1	气泵认知			5			
	2	气泵使用			10			
	3	气动二联件认知			10			
	4	气动二联件调节			10			
	5	气路连接			10			
	6	气路连接线路图绘制			10			
	7	电源电路连接			10			
	8	电源连接线路图绘制			10			
	9	网络连接及网络通信线路图绘制			10			
"7S"管理完成情况	整理、整顿、清扫、清洁、素养、安全、节约				10			
	团队协作				5			
	教师评语							

项目二　工业机器人末端工具换取工作站调试与应用

任务2.1　工业机器人的认识、操作及末端工具的快换接头安装

任务描述

工业机器人是集机械、电子、控制、传感、人工智能等多学科先进技术于一体的自动化装备。工业机器人的出现将人类从繁重单一的劳动中解放出来，它还能够从事一些不适合人类甚至超过人类能力的劳动，实现生产的自动化，避免工伤事故和提高生产效率。生产力的发展必将促进相应科学技术的发展。工业机器人未来将广泛地进入生产生活的各领域。

ABB是全球领先的工业机器人技术供应商，提供从工业机器人本体、软件、外围设备、模块化制造单元、系统集成到客户服务的完整产品组合。ABB工业机器人为焊接、搬运、装配、涂装、机加工、捡拾、包装、码垛、上下料等应用提供全面支持，广泛服务于汽车、电子产品制造、食品饮料、金属加工、塑料橡胶、机床等行业。

以ABB IRB120型6自由度工业机器人是智能制造单元系统集成应用平台的核心装备，本项目旨在学习掌握它的基本操作和它的末端工具的快换接头安装方法。

学习目标

知识目标

（1）认知工业机器人操作注意事项。

（2）认知ABB IRB120工业机器人本体及IRC5控制柜的基本操作方法。

（3）认知示教器的使用及设置方法和步骤。

（4）认知工业机器人的手动操作方法和步骤。

（5）认知工业机器人更新转数计数器的方法和步骤。

（6）认知工业机器人备份与恢复的方法和步骤。

技能目标

（1）掌握工业机器人操作注意事项。

（2）掌握ABB IRB120工业机器人本体及IRC5控制柜的基本操作方法。

（3）掌握示教器的使用及设置方法。

(4) 掌握工业机器人的手动操作方法。

(5) 掌握工业机器人更新转数计数器的方法。

(6) 掌握工业机器人备份与恢复的方法。

素质目标

(1) 能与他人合作完成实训任务，培养团队合作精神。

(2) 在进行实训操作的过程中，遵守实训室操作规范，培养"7S"工作态度。

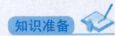

1. 工业机器人的分类

工业机器人对新兴产业的发展和传统产业的转型都起着至关重要的作用，越来越广泛地应用于各行各业。关于工业机器人的分类，国际上并没有制定统一的标准，有的按负载重量分，有的按控制方式分，有的按结构分，有的按应用领域分，工业机器人的分类如表2-1所示。

表2-1　工业机器人的分类

种类	简要解释
操作型工业机器人	能自动控制，可重复编程，功能多，有几个自由度，可固定或运动，用于相关自动化系统中
程控型工业机器人	按预先的要求及顺序条件，依次控制工业机器人的机械动作
示教再现型工业机器人	通过引导或其他方式，先教会工业机器人动作，输入工作程序，工业机器人则自动重复作业
数控型工业机器人	不必使工业机器人动作，通过数值、语言等对工业机器人进行示教，工业机器人根据示教的信息进行作业
感觉控制型工业机器人	利用传感器获取的信息控制工业机器人的动作
适应控制型工业机器人	工业机器人能适应环境的变化，控制其自身的行动
学习控制型工业机器人	工业机器人能"体会"工作的经验，具有一定的学习能力，并将所"学"的经验用于工作中
智能工业机器人	以人工智能决定工业机器人的行动

(1) 工业机器人按结构形式可分为两大类：串联机器人与并联机器人。

串联机器人采用开式运动链，它是由一系列连杆通过转动关节或移动关节串联而成的。关节由驱动器驱动，关节的相对运动导致连杆的运动，使手爪达到一定的位姿。图2-1所示为六关节机器人。

并联机器人可以定义为：动平台和定平台通过至少两个独立的运动链连接，机构具有 2 个或 2 个以上自由度，且以并联方式驱动的一种闭环工业机器人。图 2 - 2 所示为 IRB 360 FlexPicker 并联机器人。

图 2 - 1　六关节机器人

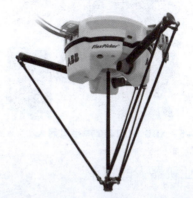

图 2 - 2　IRB 360 FlexPicker 并联机器人

（2）工业机器人按用途可以分为搬运机器人、喷涂机器人、焊接机器人和装配机器人等。

搬运机器人用途很广，一般只需点位控制，即被搬运零件无严格的运动轨迹要求，只要求始点和终点位姿准确，如机床上用的上下料机器人、工件堆垛机器人、注塑机配套用的机械等。图 2 - 3 所示为 ABB IRB 6620LX 机器人，它用于机器管理和物料搬运。

喷涂机器人多用于喷漆生产线上，其重复位姿精度要求不高。由于漆雾易燃，所以用液压驱动或交流伺服电动机驱动喷涂机器人。图 2 - 4 所示为 ABB IRB52 喷涂机器人，它广泛应用于各行业中小零部件的喷涂。

图 2 - 3　ABB IRB 6620LX 机器人

图 2 - 4　ABB IRB52 喷涂机器人

焊接机器人这是目前使用最多的一类工业机器人，它又可分为点焊机器人和弧焊机器人两类。图 2 - 5 所示为 ABB IRB1410 焊接机器人。

装配机器人要求有较高的位姿精度，手腕具有较大的柔性。目前装配机器人大多用于机电产品的装配作业。图 2 - 6 所示为 ABB IRB360 装配机器人。

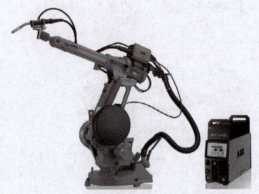

图2-5　ABB IRB1410 焊接机器人　　　　图2-6　AB IRB360 装配机器人

2. 工业机器人的特点

1）可编程

生产自动化的进一步发展是柔性自动化。工业机器人可随其工作环境变化的需要而再编程，因此它在小批量、多品种、均衡高效率的柔性制造过程中能发挥很好的作用，是柔性制造系统中的一个重要组成部分。

2）拟人化

工业机器人在机械结构上有类似人类的行走、腰转等动作和大臂、小臂、手腕、手爪等部分，由计算机控制。此外，智能工业机器人还有许多类似人类的"生物传感器"，如皮肤型接触传感器、力传感器、负载传感器、视觉传感器、声觉传感器等。

3）通用性

除了专门设计的专用的工业机器人外，一般工业机器人在执行不同的作业任务时具有较好的通用性。例如，更换工业机器人手部末端工具，便可使其执行不同的作业任务。

本集成工作站采用型号为 ABB IRB120 的 6 自由度工业机器人，与其配套的工业机器人控制柜型号为 IRC5，如图 2-7 所示。ABB IRB120 工业机器人是最小的多用途工业机器人；其本体的安装角度不受任何限制；机身表面光洁，便于清洗；空气管线与用户信号线缆从底脚至手腕全部嵌入机身内部，易于工业机器人集成。ABB IRB120 工业机器人的参数如表 2-2 所示。

图 2-7　ABB IRB120 工业机器人与 IRC5 控制柜

表 2 – 2　ABB IRB120 工业机器人的参数

规格参数			
轴数（自由度）	6	防护等级	IP30
有效载荷/kg	3	安装方式	落地式
到达最大距离/m	0.58	底座规格/（mm×mm）	180×180
质量/kg	25	重复定位精度/mm	0.01
运动性能及范围参数			
轴序号	动作范围/（°）		最大速度/[（°）·s^{-1}]
1 轴	回转：–165 ~ +165		250
2 轴	立臂：–110 ~ +110		250
3 轴	横臂：–90 ~ +70		250
4 轴	腕：–160 ~ +160		360
5 轴	腕摆：–120 ~ +120		360
6 轴	腕传：–400 ~ +400		420

3. 工业机器人的操作原则

1）提高操作人员的综合素质

工业机器人的使用有一定的难度，因为工业机器人是典型的机电一体化产品，它涉及的知识面较宽，即操作者应具有机、电、液、气等较全面的专业知识，所以工业机器人对操作人员的素质要求是很高的。目前，一个不可忽视的现象是工业机器人的用户越来越多，但工业机器人利用率还不算高，当然有时是因为生产任务不饱和，但还有一个更为关键的原因是工业机器人操作人员素质不够高。这就要求操作人员具有较高的素质，能冷静地处理问题，头脑清醒，现场判断能力强，当然还应具有较扎实的自动化控制技术基础等。对操作人员进行一定的培训，这是短时间内提高操作人员综合素质的最有效的办法。

2）遵循正确的操作规程

工业机器人具有一套专门的操作规程。它既是保证操作人员安全的重要措施，也是保证设备安全、产品质量等的重要措施。操作人员在初次操作工业机器人时，必须认真地阅读设备提供商提供的使用说明书，按照操作规程正确操作。在工业机器人第一次使用或长期没有使用时，应先慢速手动操作其各轴进行运动（如有需要，还要进行机械原点的校准）。

3）尽可能提高工业机器人的开动率（使用率）

购入工业机器人后，如果它的开动率不高，则用户投入的资金不能起到促进生产的作用。在保修期之外，排除故障需要支付额外的维修费用。因此，在保修期内应尽量多发现问题，即使平常缺少生产任务，也不能空闲不用。长期不用可能加快电子元器件的变质或损坏，并出现机械部件的锈蚀问题。工业机器人应定期通电，空运行1小时左右。

4. 工业机器人操作安全注意事项

（1）关闭总电源。在进行工业机器人的安装、维修、保养时切记要将总电源关闭。带电作业可能产生致命性后果。如果不慎遭高压电击，可能导致心跳停止、烧伤或其他严重伤害。在得到停电通知时，要预先关断工业机器人的主电源及气源。突然停电后，要在来电之前预先关闭工业机器人的主电源开关，并及时取下夹具上的工件。

（2）与工业机器人保持足够的安全距离。在调试与运行工业机器人时，工业机器人可能进行一些意外的或不规范的运动，而所有运动都会产生很大的力量，从而严重伤害个人或损坏工业机器人工作范围内的任何设备。因此，应时刻与工业机器人保持足够的安全距离。

（3）注意静电放电危险。静电放电是电势不同的两个物体间的静电传导，它可以通过直接接触传导，也可以通过感应电场传导。搬运部件或部件容器时，未接地的人员可能传递大量静电荷。这一放电过程可能损坏敏感的电子设备。因此，在有此标识的情况下，要做好静电放电防护。

（4）及时进行紧急停止操作。紧急停止操作优先于其他任何工业机器人控制操作，它会断开工业机器人电动机的驱动电源，停止所有运转部件，并切断由工业机器人系统控制且存在潜在危险的功能部件的电源。出现下列情况时应立即按下任意紧急停止按钮：工业机器人运行时，工作区域内有工作人员；工业机器人伤害了工作人员或损伤了机器设备。

（5）灭火。发生火灾时，在确保全体人员安全撤离后再进行灭火，应先处理受伤人员。当电气设备（如机器人或控制器）起火时，使用二氧化碳灭火器，切勿使用水或泡沫灭火器。

1）工作中的安全

（1）如果在保护空间内有工作人员，则应手动操作工业机器人。

（2）在进入保护空间时，应准备好示教器，以便随时控制工业机器人。

（3）注意旋转或运动的工具，例如切削工具和锯。确保在接近工业机器人之前，这些工具已经停止运动。

（4）注意工件和工业机器人的高温表面。工业机器人电动机长期运转后温度很高。

（5）注意夹具并确保夹好工件。如果夹具打开，则工件会脱落并导致人员伤害或设备损坏。夹具非常有力，如果不按照正确方法操作，也会导致人员伤害。工业机器人停机时，夹具上不应置物，必须空机。

（6）注意液压、气压系统以及带电部件。即使断电，这些系统和部件上的残余电量也很危险。

2）示教器的安全

（1）小心操作。不要摔打、抛掷或重击示教器，这样会导致示教器破损或故障。在不使用示教器时，应将它挂到专门存放它的支架上，以防意外掉到地上。

（2）使用和存放示教器时应避免电缆被人踩踏。

（3）切勿使用锋利的物体（如螺钉、刀具或笔尖）操作示教器触摸屏。这样可能使示教器触摸屏受损。应用手指或触摸笔操作示教器触摸屏。

（4）应定期清洁示教器触摸屏，因为灰尘和小颗粒可能挡住示教器触摸屏而造成故障。

（5）切勿使用溶剂、洗涤剂或擦洗海绵清洁示教器，应使用软布蘸少量水或中性清洁剂清洁。

（6）在没有连接 USB 设备时务必盖上 USB 端口的保护盖。如果 USB 端口暴露到灰尘中，那么它会中断或发生故障。

3）手动模式下的安全

（1）在手动减速模式下，工业机器人只能减速操作。只要在安全保护空间内工作，就应始终以手动速度进行操作。

（2）在手动全速模式下，工业机器人以程序预设速度移动。手动全速模式应仅用于所有人员都处于安全保护空间之外时，而且操作人员必须经过特殊训练，熟知潜在的危险。

4）自动模式下的安全

自动模式用于在生产中运行工业机器人程序。在自动模式下，常规模式停止（GS）机制、自动模式停止（AS）机制和上级停止（SS）机制都将处于活动状态。

5. 工业机器人本体及控制柜

工业机器人本体及控制柜示意如图 2 - 8 所示。

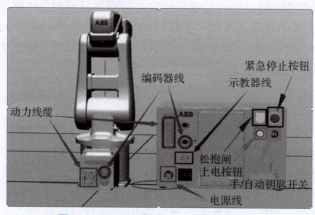

图 2 - 8　工业机器人本体及控制柜示意

1）ABB IRB120 工业机器人本体的 6 个轴说明

ABB IRB120 工业机器人本体的 6 个轴如图 2 - 9 所示。Axis 1 ~ 6 表示 6 个轴，箭头代表其旋转的正方向。

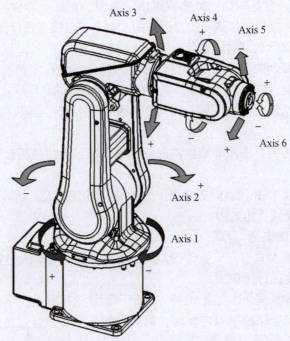

图 2-9　ABB IRB120 工业机器人本体的 6 个轴

2）IRC5 控制柜端口、面板按钮说明

图 2-10（a）所示为 IRC5 控制柜背后端口、按钮示意；图 2-10（b）所示为 ABB IRB120 工业机器人 I/O 信号面板端口示意，框 1 是急停输入端口 1，框 2 是急停输入端口 2，框 3 是安全停止端口，框 4 是网口，用于连接 PC 与控制柜。图 2-11 所示为 IRC5 控制柜外部急停接线示意。需要注意的是，此图为配置 DSQC652 板范例，如配 DSQC651 板则没有 XS15。内部线都已接好，因此只需要在外部端口接线即可。输入两端子 XS12/XS13 的 9 脚接 0 V，可从 XS16 上接线。输出两端子 XS14/XS15 的引脚 9 接 0 V，引脚 10 接 24 V，可从 XS16 上接线。XS7 上的引脚 1 和 2 为一组；XS8 上的引脚 1 和 2 为一组，此两组线形成双回路，同断同通。

6. 工业机器人的手动操作

1）单轴运动

一般地，ABB IRB120 工业机器人是 6 个伺服电动机分别驱动 6 个关节轴，每次手动操作一个关节轴的运动，称为单轴运动。在单轴运动中，每个轴可以单独运动，因此在一些特别的场合使用单轴运动操作很方便快捷。例如，在进行转数计数器更新时可以用单轴运动操作；在工业机器人出现机械限位和软件限位，也就是超出移动范围而停止时，可以利用单轴运动的手动操作，将工业机器人移动到合适的位置。单轴运动在进行粗略定位和比较大幅的移动时，相比其他手动操作模式更加方便快捷。

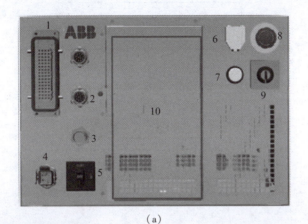

(a)

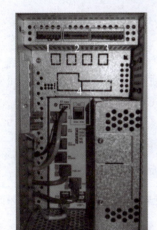

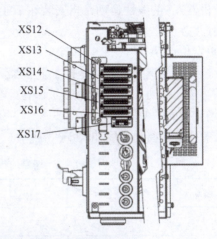

XS12
XS13
XS14
XS15
XS16
XS17

XS12	8位数字输入	地址 0~7
XS13	8位数字输入	地址 8~15
XS14	8位数字输出	地址 0~7
XS15	8位数字输出	地址 8~15
XS16	24 V/0 V 电源	0 V 和24 V 每位间隔
XS17	DeviceNet外部连接	地址 0~7

(b)

图 2 – 10 IRC5 控制柜说明

（a）ABB IRB120 工业机器人 I/O 信号面板端口示意；（b）IRC5 控制柜背后端口、按钮示意

1—动力线端口：提供手臂电源；2—编码器线端口：供应各轴数据给手臂；3—示教器端口：连接工业机器人示教器；4—IRC5 控制柜电源端口：外部电源输入；5—控制电源开关：IRC5 控制柜电源打开与关闭；6—刹车按钮：按下可关闭刹车功能；7—电动机使能按钮：自动状态下需要按下；8—紧急停止按钮：工业机器人紧急停止；9—模式转换旋钮：切换手动、自动模式；10—工业机器人 I/O 信号面板：工业机器人 I/O 信号端口

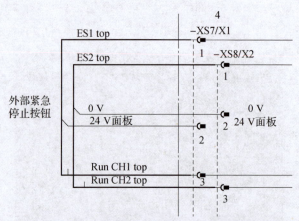

图 2 - 11　IRC5 控制柜外部急停接线示意

2）线性运动

工业机器人①的线性运动是指安装在工业机器人第 6 轴法兰盘上的 TCP 在空间中做线性运动。

3）重定位运动

工业机器人的重定位运动是指工业机器人第 6 轴法兰盘上的 TCP 在空间中绕着工具坐标系旋转的运动，也可理解为工业机器人绕着 TCP 进行姿态调整的运动。

4）增量模式的使用

增量的移动距离和角度如表 2 - 3 所示。

表 2 - 3　增量的移动距离和角度

序号	增量	移动距离/mm	角度/(°)
1	小	0.05	0.005
2	中	1	0.02
3	大	5	0.2
4	用户	自定义	自定义

7. 工业机器人更新转数计数器

需要进行更新转数计数器操作的情况如下：更换伺服电动机转数计数器电池后；转数计数器发生故障并修复后；转数计数器与测量板之间断开并再次连接后；断电后工业机器人关节轴发生了移动；当系统报警提示"10036 转数计数器未更新"时。

8. 工业机器人的备份与恢复

关于工业机器人的备份与恢复，需要注意的是：应先对工业机器人系统做一份完

---

① 　为了简便起见，后续如无特殊说，ABB IRB120 工业机器人均简称"工业机器人"。

整的无任何错误的备份，以免删除或修改一些重要的文件或参数，其轻则引起工业机器人报错，重则可能影响工业机器人的精度。因此，对于初学者来说，备份系统数据显得尤为重要。

学习笔记

9. 末端工具的快换接头

1）机械安装

图 2−12 所示为工业机器人法兰端机械接口，参照图纸选用适当工具将末端工具的快换接头安装至工业机器人法兰处。图 2−13 所示为工业机器人末端工具快换接头安装完成示意。

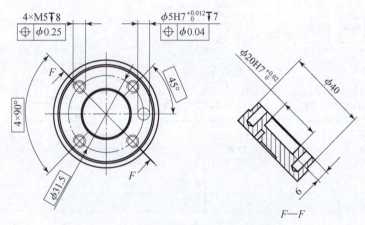

图 2−12　工业机器人法兰端机械接口

图 2−13　工业机器人末端工具快换接头安装完成示意

工具快换系统气路及工业机器人控制信号板配置

2）气路安装

末端工具快速控制电磁阀端到工业机器人本体底座处的气路已经完成连接，现需根据图 2−14 完成快换接头主端口到工业机器人上臂处气路的连接，从而实现调节对应气路电磁阀上的手动调试按钮时，快换接头主端口与末端工具可以正常锁定和释放，夹爪工具可以正常完成开合等功能。完成气路连接后，启动工业机器人系统，将气路压力调整到 0.4～0.6 MPa，打开过滤器末端开关，测试气路连接的正确性。

完成气路连接后，绑扎气管并对气路合理布置。绑扎带需进行适当切割，不能留余太长，留余长度必须小于1 mm。要求气路捆扎美观安全，不影响工业机器人正常动作，且不会与周边设备发生刮擦勾连。整理气管，将台面上的气管整齐地放入线槽，并盖上线槽盖板。

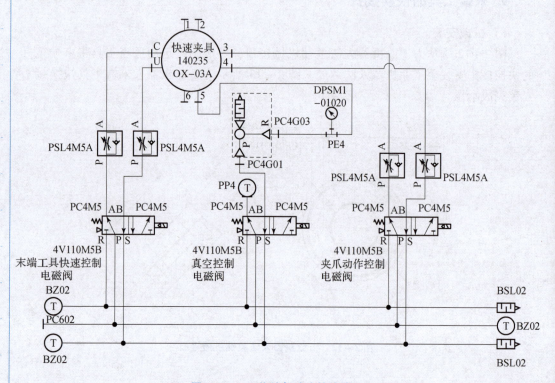

图 2 - 14 工作站气路连接线路图

任务实施与评价

**快换工具安装
及调试**

1. 任务实施准备

1）安全生产所需的各种防护用品

工位、用电安全警告标志牌、安全帽、绝缘手套、急救包。

2）常用工具及设备

万用表、线扎带、内六角扳手套件、一字起子、十字起子、尖嘴钳、计算机、仿真虚拟软件、博途软件。

2. 实训资料准备

工业机器人的认识、操作及末端工具快换接头安装作业表、工业机器人的认识、操作及末端工具快换接头安装评价表。

3. 任务实施过程

工业机器人的认识、操作及末端工具快换接头安装作业表如表2-4所示。

表 2-4　工业机器人的认识、操作及末端工具快换接头安装作业表

学习笔记

姓名		班级		学号		工位	
平台是否 正常上电		平台出现何种 异常状况		异常状况出现 在哪个单元		异常状况 是否消失	
序号		实训步骤			实训要点		
1	示教器认知： 			写出各部件的名称：			
2	示教器面板认知第一幅： 示教器面板认知第二幅： 			写出各部件的名称。 第一幅： 第二幅：			

序号	实训步骤	实训要点
3	手动操作的设置： 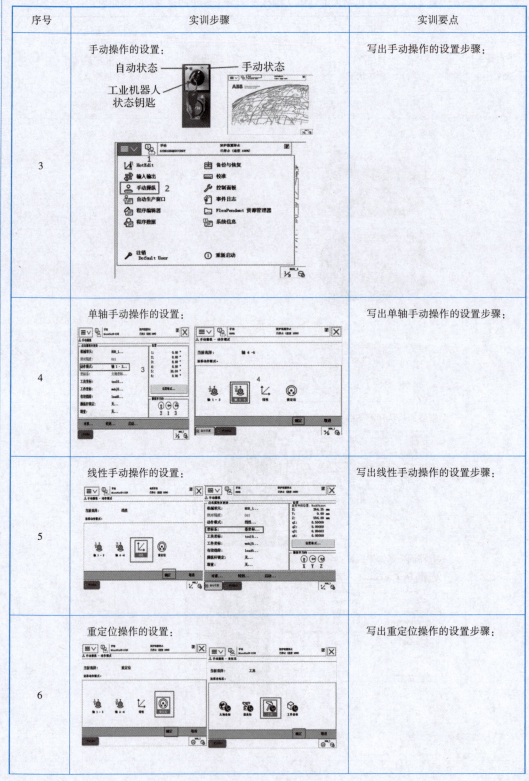	写出手动操作的设置步骤：
4	单轴手动操作的设置：	写出单轴手动操作的设置步骤：
5	线性手动操作的设置：	写出线性手动操作的设置步骤：
6	重定位操作的设置：	写出重定位操作的设置步骤：

序号	实训步骤	实训要点
7	先将 6 个轴移到机械原点，选择校准项目中的更新转数计数器。写出操作步骤： 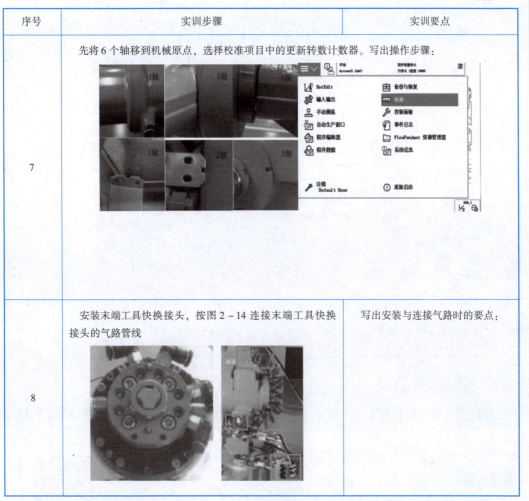	
8	安装末端工具快换接头，按图 2 – 14 连接末端工具快换接头的气路管线	写出安装与连接气路时的要点：

4. 任务评价

工业机器人的认识、操作及末端工具快换接头安装评价表如表 2 – 5 所示。

表 2 – 5　工业机器人的认识、操作及末端工具快换接头安装评价表

基本信息	姓名		学号		班级		工位	
	设备使用情况	无任何问题		有人为损坏			是否维护更新	
	规定时间		完成时间		考核日期		总评成绩	
考核内容	序号	细分步骤		完成情况		标准分	评分	
				完成	未完成			
	1	正确开启工业机器人				5		
	2	正确完成单轴运动操作				10		
	3	正确完成线性运动操作				10		

	序号	细分步骤	完成情况		标准分	评分
			完成	未完成		
考核内容	4	正确完成重定位操作			10	
	5	正确认知示教器面板各功能按钮			10	
	6	正确认知末端工具快换接头气路连接线路图			10	
	7	正确安装末端工具快换接头			10	
	8	正确连接末端工具快换接头气路			10	
	9	正确关闭工业机器人			5	
"7S"管理完成情况	整理、整顿、清扫、清洁、素养、安全、节约				10	
	团队协作				10	
	教师评语					

任务2.2　操作工业机器人示教器与手动操作工业机器人拾取末端工具

任务描述

　　在参照坐标系中，为了确定空间中一点的位置，按照规定方法选取的有次序的一组数据称为坐标。在某一问题中规定坐标的方法，就是该问题所用的坐标系。在对工业机器人进行操作、编程和调试时，工业机器人坐标系具有重要的意义。工业机器人的所有运动，需要通过沿坐标系轴的测量确定。

工具单元工具功能

　　ABB 工业机器人常用标准 I/O 板有 DSQC651、DSQC652、DSQC653、DSQC355A、DSQC377A 五种，除分配地址不同外，其配置方法基本相同。DSQC651 是最常用的 I/O 板，下面以 DSQC651 的配置为例，介绍 DeviceNet 现场总线连接和数字输入信号 di、数字输出信号 do、组输入信号 gi1、组输出信号 go1 和模拟输出信号 ao 的配置。

　　在设定好坐标系，配置好标准 I/O 板后，就可以手动操作工业机器人拾取工具架上的各种工具。

学习目标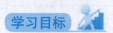

知识目标
（1）工业机器人工具坐标系的定义及常用的 TCP 设定方法。

（2）工业机器人工具负载数据的设定。

（3）工业机器人工件坐标系的定义。

（4）工业机器人工件坐标系的测量方法。

（5）工业机器人有效载荷的定义。

（6）ABB 工业机器人常用标准 I/O 板配置方法及数字输入信号、数字输出信号的配置方法。

（7）ABB 工业机器人程序数据的分类、存储、建立。

技能目标

（1）掌握工业机器人工具坐标系的定义级常用的 TCP 设定方法。

（2）掌握工业机器人工具负载数据的设定方法。

（3）掌握工业机器人工件坐标系的定义。

（4）掌握工业机器人工件坐标系的测量方法。

（5）掌握工业机器人有效载荷的定义。

（6）掌握 ABB 工业机器人常用标准 I/O 板配置方法及数字输入信号、数字输出信号的配置方法。

（7）掌握 ABB 工业机器人程序数据的分类、存储、建立。

（8）熟练掌握手动操作工业机器人拾取末端工具的方法。

素质目标

（1）能与他人合作完成实训任务，培养团队合作精神。

（2）在进行实训操作的过程中，遵守实训室操作规范，培养"7S"工作态度。

知识准备

1. 各种坐标系介绍

工业机器人进行示教操作时，其运动方式是在不同的坐标系中体现的。不同公司生产的工业机器人采用不同的坐标系进行示教。ABB 工业机器人使用绝对坐标系、基坐标系、关节坐标系、工具坐标系和工件坐标系进行示教。

1）绝对坐标系

在 ABB 工业机器人中，绝对坐标系又称为世界坐标系（大地坐标系），此时绝对坐标系可选择共享大地坐标系取而代之，该坐标系为直角坐标系。

2）基坐标系

ABB 工业机器人将基座坐标系称为基坐标系，它是工业机器人示教和编程时经常使用的坐标系之一。一般基坐标系为直角坐标系，其原点位于工业机器人的基座上，若基座是固定、静止的，则该坐标系又称为固定坐标系。在该坐标系中，不管工业机器人处于什么位置，TCP 均可沿设定的 x 轴、y 轴及 z 轴平移。原点 O_1：由工业机器人制造厂商规定；z_1 轴：垂直于工业机器人基座安装面，指向其机械结构方向；x_1 轴：正方向由原点开始指向工业机器人工作空间中心点在基座安装面上的投影 C_w，如图 2 – 15 所示。以 ABB 工业机器人为例，假如有两个工业机器人，一个安装于地面，一个倒置，则倒置工业机器人的基坐标系也将上下颠倒。由于工业机器人的构造不能实现上述关于坐标轴方向的规定，所以坐标轴的方向可由工业机器人制造厂商规定。

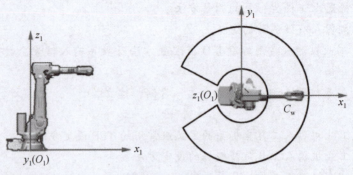

图 2 – 15   基坐标系

3）关节坐标系

关节坐标系用来描述工业机器人每一个独立关节的运动。对于大范围运动，且对工业机器人 TCP 姿态不作要求时可选择关节坐标系。关节坐标系无法实现只改变工具姿态而不改变 TCP 位置，即控制点不动作，如图 2 – 16 所示。

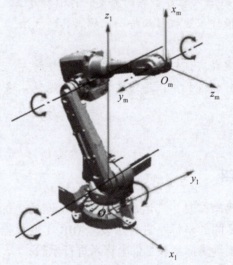

图 2 – 16   关节坐标系

4）工具坐标系

工具坐标系（TCS）位于工业机器人末端执行器，如图 2 – 17 所示，其原点及方向均随着末端执行器的位置与角度不断变化。该坐标系可由基坐标系通过旋转及位移变化而来。原点 O_1 一般是 TCP，当末端执行器为夹钳式时，该坐标系的原点位于夹钳之间；当末端执行器为焊枪时，该坐标系的原点位于焊接头。

5）工件坐标系

工件坐标对应工件，它定义工件相对于绝对坐标系的位置。工业机器人可以有若干工件坐标系，它们或者表示不同工件，或者表示同一工件在不同位置的若干副本。对工业机器人进行编程就是在工件坐标系中创建目标和路径，这带来以下优点：①当重新定位工作站中的工件时，只需要更改工件坐标系的位置，所有路径将即刻随之更

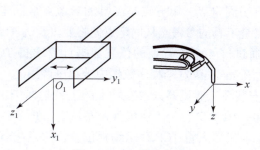

图 2-17　工具坐标系

新；②允许操作以外部轴或传送导轨移动的工件，因为整个工件可连同其路径一起移动。

如图 2-18 所示，A 是工业机器人的绝对坐标系，为了方便编程，为第一个工件建立了一个工件坐标系 B，并在工件坐标系 B 中进行轨迹编程。如果台子上还有一个一样的工件需要走一样的轨迹，那么只需要建立一个工件坐标系 C，将工件坐标系 B 中的轨迹复制一份，然后将工件坐标系从 B 更新为 C，则无须对同样的工件进行重复轨迹编程。

如果在工件坐标系 B 中对 A 对象进行了轨迹编程，当工件坐标系位置变化成工件坐标系 D 后，只需要在工业机器人系统中重新定义工件坐标系 D，则工业机器人的轨迹就自动更新到 C，不需要再次进行轨迹编程。因为 A 相对于 B 和 C 相对于 D 的关系是一样的，并没有因为整体偏移而发生变化。

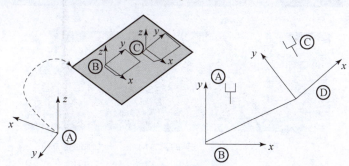

图 2-18　工件坐标系

2. 示教工具坐标系

示教工具坐标系的意义如下：①TCP 为工业机器人运动的基准；②当工业机器人夹具被更换，重新定义 TCP 后，可以不更改程序，直接运行；③准确的 TCP 有利于工业机器人准确地运用夹具去抓取工件。

示教原理如下。

（1）在工业机器人工作范围内寻找一个非常精确的固定点作为参考点。

（2）在工具上确定一个参考点（最好是工具的中心点）。

（3）用手动操作工业机器人的方法，移动工具上的参考点，以 4 种以上不同的姿态尽可能与固定点刚好碰上。为了获得更准确的 TCP，使用六点法进行操作，第四点是用工具的参考点垂直于固定点，第五点是工具的参考点从固定点向将要设定为 TCP 的 x 方向移动，第六点是工具的参考点从固定点向将要设定为 TCP 的 z 方向移动。

（4）工业机器人通过这 4 个位置点的位置数据计算求得 TCP 的坐标数据，然后 TCP 的坐标数据就保存在 tooldata 这个程序数据中被程序调用。

tooldata 用于描述安装在工业机器人第 6 轴上的工具坐标 TCP、质量、重心等参数数据。默认工具（tool0）的 TCP 位于工业机器人安装法兰的中心。

在执行程序时，工业机器人将 TCP 移至编程位置，这意味着，如果要更改工具及工具坐标系，工业机器人的移动将随之更改，以便新的 TCP 到达目标。TCP 的设定方法包括 N 点法（$N \geqslant 3$），TCP 和 z 法，TCP 和 z、x 法。图 2 - 19 所示为 N 点法。工业机器人的 TCP 通过 N 种不同的姿态同参考点接触，得出多组解，通过计算得出当前 TCP 与工业机器人安装法兰中心点（tool0）的相应位置，其坐标系方向与 tool0 一致。TCP 和 z 法是在 N 点法的基础上，使 z 点与参考点的连线为坐标系 z 轴的方向。TCP 和 z、x 法是在 N 点法的基础上，使 x 点与参考点的连线为坐标系 x 轴的方向，z 点与参考点的连线为坐标系 z 轴的方向。

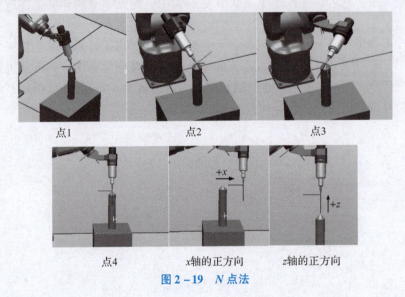

点1　　　　　　　点2　　　　　　　点3

点4　　　　　　x轴的正方向　　　　z轴的正方向

图 2 - 19　N 点法

3. 示教工件坐标系

在设定工件坐标系时，通常采用三点法。只需在对象表面位置或工件边缘角位置上定义 3 个位置点，来创建一个工件坐标系。其设定原理如下：①手动操作工业机器人，在工件表面或边缘角的位置找到一点 x_1，作为坐标系的原点；②手动操作工业机器人，沿着工件表面或边缘找到一点 x_2，x_1、x_2 确定工件坐标系 x 轴的正方向（x_1 和 x_2 距离越远，定义的坐标系轴向越精准）；③手动操作工业机器人，在 xy 平面上 y 值为正的方向找到一点 y_1，确定坐标系 y 轴的正方向。

如图 2 - 20 所示，在对象的平面上，只需要定义 3 个点就可以建立一个工件坐标。其中 x_1 确定工件的原点，x_1、x_2 确定工件坐标系 x 轴的正方向，y_1 确定工件坐标系 y 轴的正方向。

4. 认识 ABB 工业机器人标准 I/O 板

ABB 工业机器人提供了丰富的 I/O 端口，可以轻松地与周边设备进行通信。ABB 工业机器人标准 I/O 板提供的常用信号有数字输入信号 di、数字输出信号 do、模拟输入信号 ai、模拟输出信号 ao 以及输送链跟踪信号。表 2 - 6 所示是 ABB 工业机器人标准 I/O 板说明，其中常用的标准 I/O 板是 DSQC651 和 DSQC652。ABB 工业机器人可以选配标准 ABB 的 PLC，以省去与外部 PLC 进行通信设置的麻烦，并且可以在工业机器人的示教器上实现与 PLC 相关的操作。

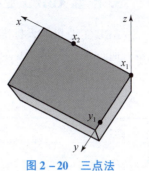

图 2 - 20　三点法

表 2 - 6　ABB 工业机器人标准 I/O 板说明

序号	型号	说明
1	DSQC651	分布式 I/O 模块 di8、do8、ao2
2	DSQC652	分布式 I/O 模块 di16、do16
3	DSQC653	分布式 I/O 模块 di8、do8，带继电器
4	DSQC355A	分布式 I/O 模块 ai4、ao4
5	DSQC377A	输送链跟踪模块

ABB 工业机器人标准 I/O 板 DSQC652 主要提供 16 个数字输入信号和 16 个数字输出信号的处理，如图 2 - 21 所示。X1 端口包括 8 个数字输出，地址为 0 ~ 7；X2 端口包括 8 个数字输出，地址为 8 ~ 15；X3 端口包括 8 个数字输入，地址为 0 ~ 7；X4 端口包括 8 个数字输入，地址为 8 ~ 15。

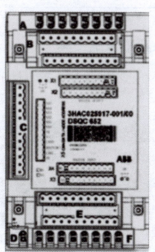

控制板 I/O
信号板的配置

图 2 - 21　ABB 工业机器人标准 I/O 板 DSQC652

A—信号输出指示灯；B—X1 和 X2 数字输出端口；
C—X5 DeviceNet 端口；D—模块状态指示灯；
E—X3 和 X4 数字输入端口；F—数字输入信号指示灯

5. 配置 ABB 工业机器人标准 I/O 板

ABB 工业机器人标准 I/O 板都是下挂在 DeviceNet 现场总线下的设备，通过 X5 端口与 DeviceNet 现场总线进行通信。DSQC652 总线连接的相关参数如表 2 – 7 所示。

表 2 – 7 DSQC652 总线连接的相关参数

参数名称	设定值	说明
Name	d652	设定 I/O 板在系统中的名称
Label	DSQC 652 24 VDC I/O DEVICE	设定 I/O 板的类型
Connected to Bus	DeviceNet1	设定 I/O 板连接的总线
DeviceNet Address	10	设定 I/O 板在总线中的地址

6. 定义数字输入、输出信号

数字输入、输出信号的相关参数如表 2 – 8 所示。

表 2 – 8 数字输入、输出信号的相关参数

参数名称	信号类型	地址	说明
ToRDigGrip	do	2	夹爪
ToRDigSucker	do	1	吸盘
ToRDigPolish	do	3	打磨
ToRDigQuickChange	do	0	快换

7. 手动操作工业机器人拾取末端工具

如图 2 – 22 所示，在工具架上不同位号放置不同的末端工具。末端工具实物如图 2 – 23 所示。

图 2 – 22 工具放置位置

（a）

（b）

（c）

（d）

（e）

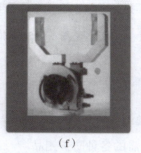
（f）

（g）

图 2 – 23 末端工具实物

（a）端面打磨工具；（b）轮辋外圈夹爪；（c）轮辋内圈夹爪；
（d）吸盘夹爪；（e）轮辋夹爪；（f）轮辐夹爪；（g）侧面打磨工具

手动操作工业机器人拾取末端工具的方法如下。

（1）在基坐标系下，将单轴运动、线性运动结合，注意调节增量大小，将工业机器人快换接头移动到末端工具的正上方。

（2）将可编程按钮 1 ~ 4 分别设定为快换接头动作、夹爪动作、吸盘动作、打磨动作。

（3）按下可编程按钮 1，保证快换接头处于内缩状态。

（4）移动工业机器人，使快换接头与末端工具接头相连，要注意快换接头与末端工具接头的定位缺口要对准，如图 2 – 24 所示。

快换工具控制
信号配置
及调试

图 2 – 24 快换接头与末端工具接头相连

（5）再次按下可编程按钮 1，末端工具被连接到工业机器人，在基坐标系下，利用线性运动先抬起 10 mm，再按图 2 – 25 所示方向取出末端工具。

图 2-25 x 轴与 y 轴正方向

 任务实施与评价

1. 任务实施准备

1) 安全生产所需的各种防护用品

工位、用电安全警告标志牌、安全帽、绝缘手套、急救包。

2) 常用工具及设备

万用表、线扎带、内六角扳手套件、一字起子、十字起子、尖嘴钳、计算机、仿真虚拟软件、博途软件。

控制参数设置及工具坐标系设定调试

2. 实训资料准备

操作工业机器人示教器与手动操作工业机器人拾取末端工具作业表、操作工业机器人示教器与手动操作工业机器人末端工具评价表。

3. 任务实施过程

操作工业机器人示教器与手动操作工业机器人拾取末端工具作业表如表 2-9 所示。

表 2-9 操作工业机器人示教器与手动操作工业机器人拾取末端工具作业表

姓名		班级		学号		工位	
平台是否正常上电		平台出现何种异常状况		异常状况出现在哪个单元		异常状况是否消失	
序号		实训步骤				实训要点	
1		工业机器人侧面打磨工具					

序号	实训步骤	实训要点
1	请用四点法示教侧面打磨工具坐标： 工具坐标定义 工具坐标：tool1 选择一种方法，修改位置后点击"确定"。 方法：TCP 和 Z, X　点数：4 点　状态 点 3　- 点 4　- 延伸器点 X　- 延伸器点 Z　- 位置　修改位置　确定　取消 或直接在下表中填入相关参数： <table><tr><td>参数名称</td><td>设定值</td></tr><tr><td>X</td><td>0</td></tr><tr><td>Y</td><td>0</td></tr><tr><td>Z</td><td>233</td></tr><tr><td>q1</td><td>0</td></tr><tr><td>q2</td><td>0</td></tr><tr><td>q3</td><td>0</td></tr><tr><td>q4</td><td>1</td></tr><tr><td>质量 mass/kg</td><td>1.5</td></tr><tr><td>重心偏移值</td><td>z 轴方向 100 mm</td></tr><tr><td>重心位置</td><td>(0, 0, 110)</td></tr></table>	写出四点法的步骤：
2	侧面打磨工具坐标系方向验证： 　　手动安装工业机器人侧面打磨工具至快换接头主端口上，根据考评员的要求操作工业机器人分别沿着侧面打磨工具坐标系的 x 轴、y 轴和 z 轴做线性运动，验证工具坐标系的方向，即侧面打磨工具坐标系的 x 轴正方向与基坐标系的 x 轴正方向一致，侧面打磨工具坐标系的 y 轴正方向与基坐标系的 y 轴负方向一致，侧面打磨工具坐标系的 z 轴正方向与基坐标系的 z 轴负方向一致	写出方向验证的原因：

序号	实训步骤	实训要点
3	依次手动拾取1、3、4、5、7位号的末端工具。 写出在拾取过程中的实训要点和心得：	

4. 任务评价

操作工业机器人示教器与手动操作工业机器人拾取末端工其评价表如表2－10所示。

表2－10　操作工业机器人示教器与手动操作工业机器人拾取末端工具评价表

基本信息	姓名		学号		班级		工位	
	设备使用情况	无任何问题		有人为损坏			是否维护更新	
	规定时间		完成时间		考核日期		总评成绩	
考核内容	序号	细分步骤	完成情况		标准分	评分		
			完成	未完成				
	1	正确按四点法示教工具坐标系			15			
	2	正确重定位验证工具坐标系			10			
	3	正确验证工具坐标系的方向			15			
	4	正确拾取4个工具			40			
"7S"管理完成情况	整理、整顿、清扫、清洁、素养、安全、节约				10			
	团队协作				10			
	教师评语							

任务2.3　通过工业机器人基本编程实现自动拾取末端工具

任务描述

工业机器人应用程序是使用 RAPID 编程语言编写而成的。RAPID 程序包含一连串控制工业机器人的指令，执行这些指令可以实现对工业机器人的控制操作。RAPID 是一种英文编程语言，其指令可以移动工业机器人、设置输出、读取输入，还能实现决策、重复其他指令、构造程序、与系统操作人员交流等功能。

利用示教点位法示教取工具的程序编写、调试

了解常用的 RAPID 程序指令，在新用户模块 MainModule 中创建名称为 "main" 的例行程序作为工业机器人主程序。以自动拾取末端工具编程为例，利用条件判断指令 IF、重复执行判断指令 FOR 和分支循环指令 TESE - CASE，通过主程序调用子程序的方法，将 "PGetTool（num a）；PToolMotion（）；PPut-Tool（num a）" 作为子程序供主程序调用。

学习目标

知识目标

（1）RAPID 程序的组成及架构。

（2）常用的 RAPID 程序指令：运动指令、I/O 控制指令、赋值指令、条件判断指令 IF、重复执行判断指令 FOR 和分支循环指令 TESE - CASE。

（3）RAPID 编程。

技能目标

（1）理解 RAPID 程序的组成及架构的基础知识。

（2）熟练掌握常用的 RAPID 程序指令——运动指令、I/O 控制指令、赋值指令、条件判断指令 IF、重复执行判断指令 FOR 和分支循环指令 TESE - CASE 的使用方法。

（3）熟练掌握 RAPID 程序的编写方法。

素质目标

（1）能与他人合作完成实训任务，培养团队合作精神。

（2）在进行实训操作的过程中，遵守实训室操作规范，培养 "7S" 工作态度。

知识准备

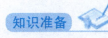

1. 认识 RAPID 程序

RAPID 程序包含一连串控制工业机器人的指令，执行这些指令可以实现对工业机器人的控制操作。工业机器人应用程序是使用 RAPID 编程语言编写而成的。RAPID 是一种英文编程语言，其指令可以移动工业机器人、设置输出、读取输入，还能实现决

策、重复其他指令、构造程序、与系统操作人员交流等功能。

RAPID 程序的架构说明如下。

（1）RAPID 程序是由程序模块与系统模块组成的。一般地，只通过新建程序模块来构建工业机器人程序，而系统模块多用于系统方面的控制。

（2）可以根据不同的用途创建多个程序模块，如专门用于主控制的程序模块、用于位置计算的程序模块、用于存储数据的程序模块，这样便于归类管理不同用途的例行程序与数据。

（3）每个程序模块都包含程序数据、例行程序、中断程序和功能 4 种对象，但是不一定在一个模块中都有这 4 种对象。程序数据、例行程序、中断程序和功能是可以互相调用的。

（4）在 RAPID 程序中，只有一个主程序 main，它存在于任意一个程序模块中，并且作为整个 RAPID 程序执行的起点。

2. 工业机器人数据存储类型

1）常量 CONST

常量 CONST 的特点是在定义时已被赋予数值，且不能在程序中修改，除非手动修改。

2）变量 VAR

变量 VAR 在程序执行的过程中和程序停止时会保持当前的值，但如果程序指针被移到主程序后，数据就会丢失。

3）可变量 PRES

无论程序的指针如何，可变量 PRES 都会保持最后赋予的值。在工业机器人执行的程序中也可以对可变量 PRES 进行赋值操作。

4）loaddata

loaddata 用于存储载荷相关数据。

5）num

与数值相关的数据都存储在 num 型数据中。

6）tooldata

tooldata 用于存储工具坐标系相关信息。

7）WObjdata

WObjdata 用于存储工件坐标系相关信息。

3. 运动指令

工业机器人在空间中进行运动主要有 4 种方式：关节运动（MoveJ）、线性运动（MoveL）、圆弧运动（MoveC）和绝对位置运动（MoveAbsj）。

1）线性运动指令 MoveL

线性运动是工业机器人的 TCP 从起点到终点之间的路径始终保持为直线，一般在焊接，涂胶等应用对路径要求高的场合使用此指令。线性运动路径如图 2 - 26 所示。线性运动指令程序示例如图 2 - 27 所示。

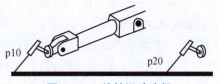
图 2-26　线性运动路径

MoveL p10 , v1000 , z50 , tool1 \WObj:= wobj1;

图 2-27　线性运动指令程序示例

图 2-27 所示程序中的参数含义如表 2-11 所示。

表 2-11　程序中的参数含义

参数	含义
p10	目标点位置数据 定义当前工业机器人 TCP 在工件坐标系中的位置，可通过单击"修改位置"按钮进行修改
v1000	运动速度数据，表示 1 000 mm/s 定义运动速度，单位为 mm/s
z50	转弯区域数据 定义转弯区的大小，单位为 mm
tool1	工具坐标数据 定义当前指令使用的工具坐标
wobj1	工件坐标数据 定义当前指令使用的工件坐标

2）关节运动指令 MoveJ

关节运动是在对路径精度要求不高的情况下，工业机器人的 TCP 从一个位置移动到另一个位置，两个位置之间的路径不一定是直线。关节运动指令适合在工业机器人大范围运动时使用，不容易在运动过程中出现关节轴进入机械死点的问题。关节运动路径如图 2-28 所示。

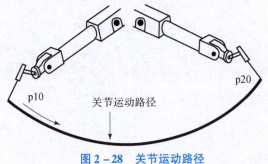

图 2-28　关节运动路径

利用偏移量法示教取工具的程序编写、调试

图 2-29 所示是利用两个运动指令编写的程序的轨迹，说明如下。

（1）"MoveL p1，v200，z10，tool1\WOBj：= wobj1；"。工业机器人的 TCP 从当前位置向 p1 点以线性运动方式前进，速度是 200 mm/s，转弯区数据是 10 mm，在距离 p1 点还有 10mm 的时候开始转弯，使用的工具数据是 tool1，工件坐标数据是 wobj1。

（2）"MoveL p2，v100，fine，tool1\WOBj：= wobj1；"。工业机器人的 TCP 从 p1 点向 p2 点以线性运动方式前进，速度是 100 mm/s，转弯区数据是 fine，工业机器人在 p2 点稍作停顿，使用的工具数据是 tool1，工件坐标数据是 wobj1。

（3）"MoveJ p3，v500，fine，tool1\WOBj：= wobj1；"。工业机器人的 TCP 从 p2 点向 p3 点以关节运动方式前进，速度是 100 mm/s，转弯区数据是 fine，工业机器人在 p3 点停止，使用的工具数据是 tool1，工件坐标数据是 wobj1。

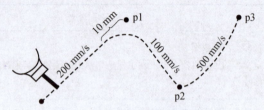

图 2-29　运动指令编程轨迹

注意：fine 指工业机器人的 TCP 到达目标位置点，在目标位置点速度降为零。工业机器人动作有所停顿，然后进行下一运动，一段路径的最后一个位置点一定要为 fine。转弯区数据值越大，工业机器人的动作路径就越圆滑与流畅。

3）圆弧运动指令 MoveC

圆弧运动是在工业机器人可到达的空间范围内定义 3 个位置点，第一个位置点是圆弧的起点，第二个位置点用于确定圆弧的曲率，第三个位置点是圆弧的终点。圆弧运动路径如图 2-30 所示。

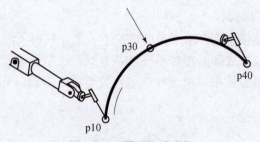

图 2-30　圆弧运动路径

4）绝对位置运动指令 MoveAbsJ

绝对位置运动是使用 6 个轴和外轴的角度值来定义目标位置。绝对位置运动指令常用于工业机器人 6 个轴回到机械零点（0°）的操作。

4. I/O 控制指令

1）数字信号置位指令 Set

数字信号置位指令用于将数字输出（Digital Output）置位为"1"。

2）数字信号复位指令 Reset

数字信号复位指令用于将数字输出（Digital Output）置位为"0"。

注意：如果在 Set、Reset 指令前有 MoveJ、MoveL、MoveC、MoveAbsj 指令的转弯区数据，则必须使用 fine 才可以在工业机器人的 TCP 准确到达目标位置点后输出 I/O 信号状态的变化。

3）数字输入信号判断指令 WaitDI

数字输入信号判断指令用于判断数字输入信号的值是否与设定值一致。如果到达最大等待时间 300 秒（此时间可根据实际进行设定）以后，数字输入信号的值仍不为设定值，则工业机器人报警或进入出错处理程序。

4）数字输出信号判断指令 WaitDO

数字输出信号判断指令用于判断数字输出信号的值是否与设定值一致。如果到达最大等待时间 300 秒（此时间可根据实际进行设定）以后，数字输出信号的值仍不为设定值，则工业机器人报警或进入出错处理程序。

5）信号判断指令 WaitUntil

信号判断指令可用于布尔量、数字量和 I/O 信号值的判断，如果条件到达指令中的设定值，则程序继续往下执行，否则一直等待，除非设定了最大等待时间。

5. 逻辑判断指令

1）紧凑型条件判断指令 Compact IF

紧凑型条件判断指令用于当一个条件满足后执行一条指令。

例：

```
IF flag1 = TURE Set do1;
```

如果 flag1 的状态为 TRUE，则 do1 被置位为"1"。

2）条件判断指令 IF

条件判断指令根据不同的条件执行不同的指令。判断的条件数量可以根据实际情况增加与减少。

例：

```
IF num1 = 1 THEN 2 ap
flag1 : = TRUE;
ELSEIF num1 = 2 THEN
flag1 : = FALSE;
ELSE
set do1;
ENDIF
```

如果 num1 为 1，则 flag1 会被赋值为 TRUE。如果 num1 为 2，则 flag1 会被赋值为 FALSE。除了以上两种条件之外，均将 do1 置位为"1"。

3）重复执行判断指令 FOR

重复执行判断指令用于一个或多个指令需要重复执行多次的情况。

4）循环指令 WHILE

循环指令用于当给定的条件满足时一直重复执行对应指令的情况。

5）分支循环指令 TEST – CASE

可以利用循环指令和分支循环指令完成循环技术编程。其中分支循环指令嵌入循环指令。

例：

```
WHILE num1 = 5 DO
    TEST gi1
    CASE 1 :
        SANJIAOXING;
    CASE 2 :
        YUANXING;
    ENDTEST
    ENDWHILE
```

以组输入信号 gi1（占用地址 0~3）的值为判断条件，根据 gi1 值的不同而执行不同的程序。例如：当 gi1 值为 1 时，执行 SANJIAOXING；当 gi1 值为 2 时，执行 YUANX-ING。

6. 坐标偏移指令 offs

例：

```
p20: = offs (p10, 100, 200, 300);
```

基于位置目标点 p10 在 x 轴方向偏移 100 mm，在 y 轴方向偏移 200 mm，在 z 轴方向偏移 300 mm。

 任务实施与评价

利用数组法
示教取工具的
程序编写、调试

1. 任务实施准备

1）安全生产所需的各种防护用品

工位、用电安全警告标志牌、安全帽、绝缘手套、急救包。

2）常用工具及设备

万用表、线扎带、内六角扳手套件、一字起子、十字起子、尖嘴钳、计算机、仿真虚拟软件、博途软件。

2. 实训资料准备

通过工业机器人基本编程实现自动拾取末端工具作业表、通过工业机器人基本编程实现自动拾取末端工具评价表。

3. 任务实施过程

通过工业机器人基本编程实现自动拾取末端工具作业表如表 2 – 12 所示。

表 2 – 12　通过工业机器人基本编程实现自动拾取末端工具作业表

姓名		班级		学号		工位	
平台是否 正常上电		平台出现何种 异常状况		异常状况出现 在哪个单元		异常状况 是否消失	
序号			实训步骤及要点				
1	在程序数据中新建一个名为 ToolPosition 的一维数组，共 4 个元素。其数据类型为 robtarget。手动示教 4 个末端工具的拾取位置，并保存在这个数组中 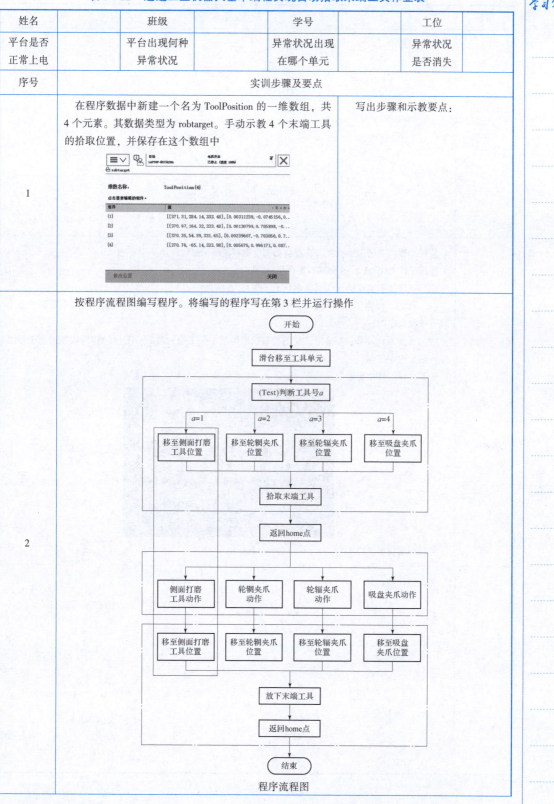					写出步骤和示教要点：	
2	按程序流程图编写程序。将编写的程序写在第 3 栏并运行操作						

程序流程图

序号	实训步骤及要点
3	编写的程序：
4	拓展编程：通过工业机器人编程自动实现物料块码垛搬运调序。 搬运工位 1~5 或 2~6 分别有 5 个物料块。 编写程序如下实现操作（可实现任意一种）。 （1）搬运正向动作：将 5 号工位的物料块搬运至 6 号工位，将 4 号工位的物料块搬运至 5 号工位，依此次序搬运。 （2）搬运反向动作：将 2 号工位的物料块搬运至 1 号工位，将 3 号工位的物料块搬运至 2 号工位，依此次序搬运。 说明：在工件坐标点位置采用 offs 指令，需建立搬运物料块工件坐标系。 将程序写在第 5 栏中
5	编写的程序：

4. 任务评价

通过工业机器人基本编程实现自动拾取末端工具评价表如表2-13所示。

表2-13 通过工业机器人基本编程实现自动拾取末端工具评价表

<table>
<tr><td rowspan="3">基本信息</td><td>姓名</td><td></td><td>学号</td><td></td><td>班级</td><td></td><td>工位</td><td></td></tr>
<tr><td>设备使用情况</td><td>无任何问题</td><td></td><td>有人为损坏</td><td></td><td></td><td>是否维护更新</td><td></td></tr>
<tr><td>规定时间</td><td></td><td>完成时间</td><td></td><td>考核日期</td><td></td><td>总评成绩</td><td></td></tr>
<tr><td rowspan="7">考核内容</td><td rowspan="2">序号</td><td rowspan="2" colspan="2">细分步骤</td><td colspan="2">完成情况</td><td colspan="2" rowspan="2">标准分</td><td rowspan="2">评分</td></tr>
<tr><td>完成</td><td>未完成</td></tr>
<tr><td>1</td><td colspan="2">正确建立并示教4个末端工具拾取点</td><td></td><td></td><td colspan="2">15</td><td></td></tr>
<tr><td>2</td><td colspan="2">正确编写拾取末端工具程序</td><td></td><td></td><td colspan="2">10</td><td></td></tr>
<tr><td>3</td><td colspan="2">正确编写放下末端工具程序</td><td></td><td></td><td colspan="2">15</td><td></td></tr>
<tr><td>4</td><td colspan="2">正确编写主程序并运行成功</td><td></td><td></td><td colspan="2">20</td><td></td></tr>
<tr><td>5</td><td colspan="2">正确完成拓展任务</td><td></td><td></td><td colspan="2">20</td><td></td></tr>
<tr><td>"7S"管理完成情况</td><td colspan="3">整理、整顿、清扫、清洁、素养、安全、节约</td><td colspan="2"></td><td colspan="2">10</td><td></td></tr>
<tr><td colspan="2">团队协作</td><td colspan="4"></td><td colspan="2">10</td><td></td></tr>
<tr><td colspan="2">教师评语</td><td colspan="6"></td></tr>
</table>

项目三　执行单元的集成调试与应用

任务3.1　远程I/O模块通信适配

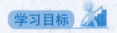

任务描述

SmartLink 远程 I/O 模块是南京华太公司基于自主研发的高性能总线的通用远程 I/O 模块，为用户节约成本、简化配线、提高系统可靠性提供了更好的选择。目前 FR 系列适配器种类多，支持主流的现场总线和工业以太网。

西门子 S7‑1200 PLC 是德国西门子（SIEMENS）公司生产的 PLC，具有模块化、结构紧凑、功能全面等特点。S7‑1200 PLC 具有可扩展的灵活设计、丰富的通信端口，以及全面的集成工艺功能，因此可以作为一个组件集成在完整的综合自动化解决方案中。

本项目完成 PLC 与 SmartLink 远程 I/O 模块之间的 PROFINET 通信配置、工业机器人与 SmartLink 远程 I/O 模块之间的 DeviceNet 通信配置。

学习目标

知识目标

（1）DeviceNet 通信。

（2）PROFINET 通信。

（3）PLC 与 SmartLink 远程 I/O 模块之间的 PROFINET 通信配置。

（4）工业机器人与 SmartLink 远程 I/O 模块之间的 DeviceNet 通信配置。

技能目标

（1）熟练掌握 DeviceNet 通信配置方法。

（2）熟练掌握 PROFINET 通信配置方法。

（3）熟练完成 PLC 与 SmartLink 远程 I/O 模块之间的 PROFINET 通信配置。

（4）熟练完成工业机器人与 SmartLink 远程 I/O 模块之间的 DeviceNet 通信配置。

素质目标

（1）能与他人合作完成实训任务，培养团队合作精神。

（2）在进行实训操作的过程中，遵守实训室操作规范，培养"7S"工作态度。

1. 工业网络

工业网络是指安装在工业生产环境中的一种全数字化、双向、多站的通信系统，主要包括现场总线、工业以太网、工业无线通信系统等。工业网络通信一般基于组织或个体开发的网络通信协议/标准/规范，根据网络的开放程度，具体有以下三种类型。

（1）专用、封闭型工业网络：该网络规范由各公司自行研制，往往针对某一特定应用领域，效率最高，但在跨领域相互连接时就显得各项指标参差不齐，推广与维护都难以协调。

（2）开放型工业网络：除了一些较简单的标准无条件开放外，大部分是有条件开放，或仅对开发的组织成员开放。生产商必须成为该组织的成员，产品需经过该组织的测试、认证，方可在该工业网络中使用。

（3）标准工业网络：符合国际标准 IEC61158、IEC62026、ISO11519 或欧洲标准 EN50170 的工业网络。

工业网络的传输介质包括有线传输介质与无线传输介质。有线传输介质包括双绞线、同轴电缆和光纤。无线传输介质包括无线电、微波、卫星等。

工业网络的拓扑形式就是节点的互连形式，常见的有总线型、星形与树形、环形等。

（1）总线型：通过一条总线电缆作为传输介质，各节点通过端口接入总线。总线型是工业网络中最常用的一种拓扑形式，如图 3-1 所示。

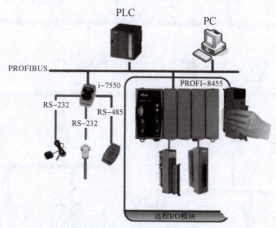

图 3-1 总线型工业网络

（2）星形与树形：在星形拓扑中，每个节点通过点对点连接到中央节点，任何节点之间的通信都通过中央节点进行，如图 3-2 所示。树形拓扑是星形拓扑的变种。常用于节点密集的场合，在商业和民用网络中使用较多，如图 3-3 所示。

（3）环形：节点以点对点的方式连接，构成一个环路。信号在环路上从一个设备到另一个设备单向传输，直到信号到达目的地为止，如图 3-4 所示。

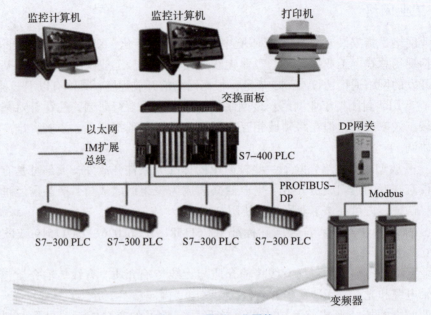

图 3 - 2　星形工业网络

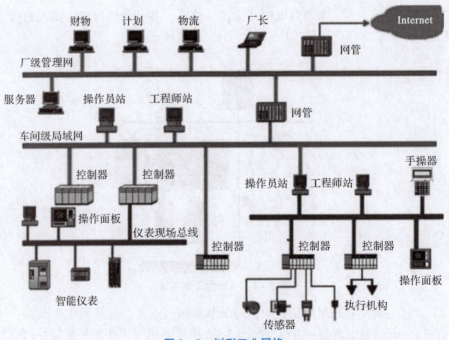

图 3 - 3　树形工业网络

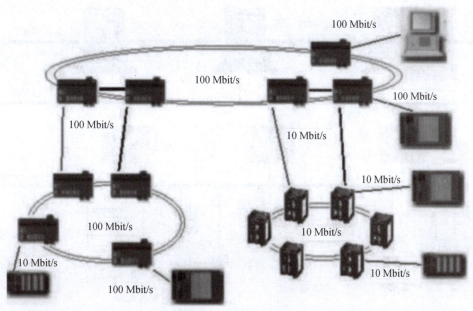

100 Mbit/s

100 Mbit/s

100 Mbit/s

100 Mbit/s

10 Mbit/s

10 Mbit/s

100 Mbit/s

10 Mbit/s

10 Mbit/s

10 Mbit/s

100 Mbit/s

图 3-4　环形工业网络

2. 现场总线

目前的工业总线网络可归为三类：485 网络（RS 485/Modbus）、HART 网络、Fieldbus 网络。这些工业总线网络大都用于过程自动化、医药、加工制造、交通运输、国防、航天、农业和楼宇等领域。Fieldbus 网络应用在生产现场，是用于连接智能现场设备和自动化测量控制系统的数字式、双向传输、多分支结构的通信网络，是自动化领域中底层数据通信网络。现场总线技术近年来成为国际上自动化和仪器仪表发展的热点，它的出现使传统的控制系统结构产生了革命性的变化，使自动控制系统朝着"智能化、数字化、信息化、网络化、分散化"的方向进一步迈进，形成新型的网络通信的全分布式控制系统——现场总线控制系统（Fieldbus Control System, FCS）。然而，到目前为止，现场总线还没有形成真正统一的标准，PROFIBUS、CANBUS（CAN 总线）、CC-Link 等多种标准并存，并且都有自己的生存空间。

DeviceNet 是一种基于 CAN 技术的开放型、符合全球工业标准的、低成本、高性能的现场总线协议，是描述 DeviceNet 设备之间实现连接和交换数据的一套协议。在 Rockwell 提出的三层网络结构中，DeviceNet 处于最底层，即设备层，是最接近现场的总线类型。作为一种串行通信连接协议，DeviceNet 定义 OSI 模型七层架构中的物理层、数据链路层及应用层，能够将工业设备（如限位开关、光电传感器、阀组、电动机控制器、过程传感器、条形码阅读器、变频驱动器和操作员端口等）连接到网络中，降低硬件接线的成本，如图 3-5 所示。

DeviceNet 的主要特点是：进行短帧传输，每帧的最大数据为 8 个字节；采用无破坏性的逐位仲裁技术；网络最多可连接 64 个节点；数据传输波特率为 128 Kbit/s、256 Kbit/s、512 Kbit/s；采用点对点、多主或主/从通信方式；采用 CAN 的物理和数据链路层规约。

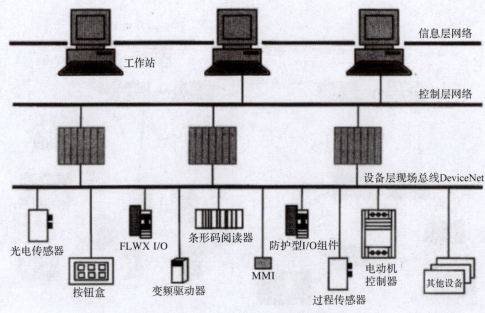

信息层网络

工作站

控制层网络

设备层现场总线DeviceNet

光电传感器

FLWX I/O

条形码阅读器

防护型I/O组件

电动机控制器

其他设备

按钮盒

变频驱动器

MMI

过程传感器

图 3－5　DeviceNet 网络

3. 工业机器人与 SmartLink 远程 I/O 模块之间的 DeviceNet 通信配置

当工业机器人的标准 I/O 板的 I/O 点位数无法满足实际应用需求时，可以为工业机器人添加扩展 I/O 模块。在工业机器人扩展 I/O 适配器后面添加 7 个 I/O 板，适配器 DeviceNet 端口和工业机器人控制柜前侧板上的 XS17 DeviceNet 端口通过信号线相连，FR8030 远程 I/O 模块组如图 3－6 所示。

扩展 I/O 模块及其
配置方法

图 3－6　FR8030 远程 I/O 模块组

工业机器人扩展 I/O 模块包括两个组成部分：工业机器人扩展 I/O 适配器（图 3－7）和 I/O 板。数字量输入模块用于采集现场的数字量信号，其中 FR1108 模块是 PNP 型（高电平有效），它具有 8 个数字量输入点数，如图 3－8 所示。数字量输出模块用于给现场设备输出数字量信号，其中 FR2108 模块为源型输出，它具有 8 个数字量输出点数，如图 3－9 所示。模拟量输出模块用于给现场设备输出模拟量信号，其中 FR4004

模块为电压型模拟量输出（12 bit），它具有 4 个模拟量输出点数，如图 3 - 10 所示。

图 3 - 7　扩展 I/O 适配器

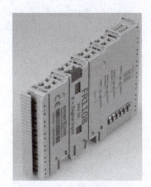

图 3 - 8　FR1108 模块

图 3 - 9　FR2108 模块

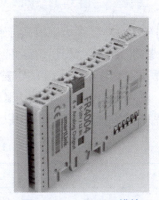

图 3 - 10　FR4004 模块

　　I/O 端口模块包含数字量输入/输出模块和模拟量输入/输出模块等。数字量输入模块从执行层设备（传感器、电动机驱动器等）中采集数字量反馈信号，并以电隔离的形式将这些信号传输到上层自动化单元。数字量输出模块将来自自动化设备（如工业机器人）的数字量控制信号以电隔离的形式传输到执行层设备。模拟量输入模块用于从执行层设备收集 0～10 V 范围内的模拟量信号并上传至上位机，模拟量输出模块用于向执行层设备输出 0～10 V 范围内的模拟量信号。模拟量输出模块的所有输出通道具有一个公共的 0 V 电源触点，各输出端口均由 24 V 电源供电。各通道信号状态均可通过模块上对应通道端口的 LED 显示。

扩展 IO 模块
及其配置实践

　　与标准 I/O 板相同，远程 I/O 模块也挂载在现场总线下，具有唯一的通信地址。模块地址由从设备适配器上的拨码开关决定，旋转开关的缺口处所指示的值即当前选中的值。图 3 - 6 所示 FR8030 远程 I/O 模块的通信地址为 11，参数设置如图 3 - 11 所示。

　　工业机器人控制信号通过总线适配器，在 DeviceNet 总线通信的 I/O 端口上传输，在传输至独立的 I/O 端口时仍保留完整的 DeviceNet 协议，相对应的 I/O 端口适用于任何常用的数字量和模拟量信号类型。

4. S7 - 1200 PLC

　　本工作站采用 3 组西门子 S7 - 1200 CPU 1212C DC/DC/DC 作为控制系统。S7 -

节点地址：11　　　名称：FR8030

节点信息
厂商代码：9999
设备类型：12
产品代码：67
主要版本：1
次要版本：1

关键参数设置
☑ 厂商代码 Vendor ID
☑ 设备类型 Device Type
☑ 产品代码 Product Code
☑ 主要版本
☑ 次要版本

☑ 轮询（Polled）
输入长度：4　　字节
输出长度：4　　字节

☐ 位选通（Bit-Strobed）
输入长度：0　　字节

☐ COS/CC设定
　● COS　　○ CC
输入长度：0　　字节
输出长度：0　　字节
Heartbeat：250　毫秒
ACK超时：16　毫秒
限制时间：1　毫秒

S7 - 1200 PLC 的
硬件及其组态

图 3 - 11　FR8030 远程 I/O 模块参数设置

1200 PLC 使用灵活、功能强大，可用于控制各种各样的设备以满足自动化需求。S7 - 1200 PLC 设计紧凑、组态灵活且具有功能强大的指令集，这些优势的组合使它成为控制各种应用的完美解决方案。各型号 CPU 如表 3 - 1 所示。S7 - 1200 PLC 将 CPU 模块、微处理器、集成电源、输入/输出电路、内置 PROFINET、高速运动控制 I/O 模块以及板载模拟量输入模块组合到一个设计紧凑的外壳中以形成功能强大的控制器，如图 3 - 12 所示。

表 3 - 1　各型号 CPU

特征		CPU 1211C	CPU 1212C	CPU 1214C
物理尺寸/(mm × mm × mm)		90 × 100 × 75	90 × 100 × 75	110 × 100 × 75
用户存储器	工作存储器/KB	25	25	50
	装载存储器/MB	1	1	2
	保持存储器/KB	2	2	2
本地板载 I/O	数字量	6 点输入 4 点输出	8 点输入 6 点输出	14 点输入 10 点输出
	模拟量	2 路输入	2 路输入	2 路输入
过程映像大小/字节	输入	1 024	1 024	1 024
	输出	1 024	1 024	1 024
位存储器（M）/字节		4 096	4 096	8 192
扩展信号模块/个		无	2	8
信号板/个		1	1	1
通信模块/个		3	3	3
高速计数器	单相	3 个，100 kHz	3 个，100 kHz 1 个，30 kHz	3 个，100 kHz 3 个，30 kHz
	正交相位	3 个，80 kHz	3 个，80 kHz 1 个，20 kHz	3 个，80 kHz 3 个，20 kHz

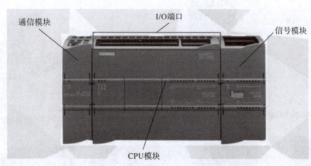

特征	CPU 1211C	CPU 1212C	CPU 1214C
脉冲输出	2	2	2
存储卡（选件）	有	有	有
实时时钟保持时间/天	通常为 10，40 ℃时最少 6		
实数数学运算执行速度/(μs·指令$^{-1}$)	18		
布尔运算执行速度/(μs·指令$^{-1}$)	0.1		

图 3 – 12　S7 – 1200 PLC

S7 – 1200 PLC 的特点如下。

（1）通信模块集成工艺。集成的 PROFINET 端口用于编程、HMI 通信和 PLC 间的通信，此外它还通过开放的以太网协议支持与第三方设备的通信。该端口带一个具有自动交叉网线（auto – cross – over）功能的 RJ 45 连接器，提供 10/100 Mbit/s 的数据传输速率，它支持最多 16 个以太网连接以及 TCP/IPnative、ISO – on – TCP 和 S7 通信。S7 – 1200 CPU 最多可以添加 3 个通信模块。RS 485 和 RS 232 通信模块为点到点的串行通信提供连接。该通信的组态和编程采用扩展指令或库功能、USS 驱动协议、Modbus RTU 主站和从站协议，它们都包含在 STEP 7 工程组态系统中。

（2）高速输入与高速输出。S7 – 1200 PLC 带有多达 6 个高速计数器。其中 3 个输入为 100 kHz，3 个输入为 30 kHz，用于计数和测量。S7 – 1200 PLC 集成了两个 100 kHz 的高速脉冲输出，用于控制步进电动机或伺服驱动器的速度和位置。它们都可以输出脉宽调制信号来控制电动机速度或加热元件的占空比。

（3）存储器。用户程序和用户数据之间的可变边界可提供最多 50 KB 容量的集成工作内存，同时提供了最多 2 MB 的集成装载内存和 2 KB 的掉电保持内存。存储卡可选，通过它可以方便地将程序传输至多个 CPU。

（4）信号模块。多达 8 个信号模块可连接到扩展能力最高的 CPU，以支持更多数字量和模拟量 I/O 信号。

5. PLC 与 SmartLink 远程 I/O 模块之间的 PROFINET 通信配置

1）PROFINET I/O 通信

PROFINET 是由 PROFIBUS 国际组织（PROFIBUS International，PI）推出的基于工

业以太网技术的自动化总线标准。PROFNET 为自动化通信领域提供了一个完整的网络解决方案，包括实时通信、分布式现场设备、运动控制、分布式自动化、网络安装、IT 标准与信息安全、故障安全和过程自动化 8 个当前自动化领域的内容。

作为 PROFINET 的一种，PROFINET I/O 是实现模块化、分布式应用的通信概念。传感器、执行机构等装置通过 I/O 设备（I/O - Device）连接到网络中，通过多个节点的并行数据传输可更有效地使用网络。PROFNET I/O 以交换式以太网全双工操作和 100 Mbit/s 带宽为基础。PROFINET I/O 系统分为 I/O 控制器、I/O 设备和 I/O 监控器，如图 3 - 13 所示。

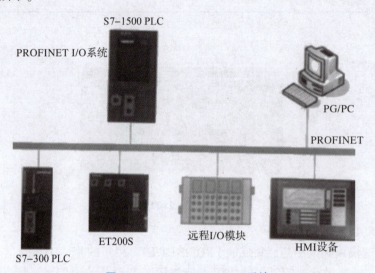

图 3 - 13　PROFINET I/O 系统

I/O 控制器指用于对连接的 I/O 设备进行寻址，与相应的现场 I/O 设备交换 I/O 信号。在图 3 - 13 中 I/O 控制器可以是 S7 - 1500 PLC 或 S7 - 300 PLC。

I/O 设备指 I/O 控制器所支配的分布式现场设备（例如远程 I/O 模块、阀终端、变频器和交换机），其主要作用为连接现场分散的检测装置、执行机构，传递现场采集的各类数据，传递执行机构的控制指令。单个 I/O 设备只能分配给一个确定的 I/O 控制器。

I/O 监控器指用于调试和诊断的 PG（编程设备）、PC 或 HMI 设备。

PROFNET I/O 系统组态过程如下。PROFINET 使用以太网和 TCP/IP 作为通信基础，用于以太网设备通过面向连接和安全的传输通道在本地和分布式网络中进行数据交换。首先，将 GSD 文件输入工程组态软件；然后，在工程组态软件中进行网络和设备的组态，并将其下载至 I/O 控制器；最后，I/O 控制器和现场设备可以自动进行数据交换。

2）PLC 与远程 I/O 模块的 PROFINET 通信结构

S7 - 1200 PLC 与各功能单元远程 I/O 模块的 PROFINET 通信结构如图 3 - 14 所示。总控单元 PLC（S7 - 1200 PLC）通过工业网线与 Smart-Link PROFINET 适配器相连，每个适配器下挂的 I/O 端口模块个数 ≤ 32 个，站与站之间的距离 ≤ 200 m，单局域网络理论站数可达 256 个，通信速度为 100 Mbit/s。

远程 I/O 模块组态及其 GSD 文件安装

S7-1200 PLC	SmartLink PROFINET适配器		SmartLink 远程I/O模块	SmartLink PROFINET适配器		SmartLink 远程I/O模块	...
PROFINET网口	输入	输出		输入	输出		

└── 工业网线 ──┘ └────── 工业网线 ──────┘ └───工业网线 ─────

图 3-14　S7-1200 PLC 与各功能单元远程 I/O 模块的 PROFINET 通信结构

与前面介绍的 DeviceNet 远程 I/O 模块类似，SmartLink 远程 I/O 模块 FR8210 也可连接各种 I/O 端口模块，如图 3-15（a）所示。

供电电源接法如图 3-15（b）所示。使用一块 220 V-24 V 电源模块（最好是双路输出的），将电源线接好，①接电源正极，②接电源负极。然后，连接系统公共端电源接线，③、④内部相连，为公共端电源正极，⑤、⑥内部相连，为公共端电源负极。因此，电源正极接在③或④任意通道上，电源负极接在⑤或⑥任意通道上。

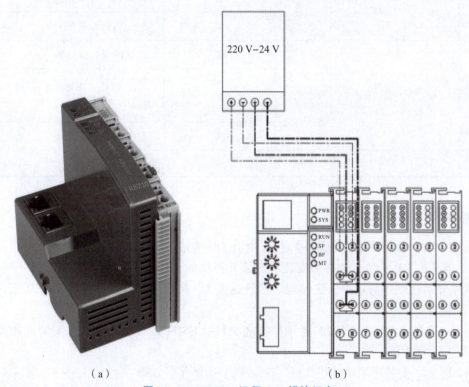

（a）　　　　　　　　　　　　（b）

图 3-15　FR8210 远程 I/O 模块组态

FR8210 远程 I/O 模块状态指示灯说明如表 3-2 所示。

表 3-2　FR8210 远程 I/O 模块状态指示灯说明

编号	状态指示灯	说明	颜色	状态	含义
1	PWR	系统电源指示灯	绿色	亮	系统电源正常
				灭	系统电源未接或系统电源故障

编号	状态指示灯	说明	颜色	状态	含义
2	SYS	系统指示灯	绿色	以 1 Hz 的频率闪烁	扫描正常
				以 5 Hz 的频率闪烁	I/O 从站丢失
				两闪一灭	I/O 模块配置失败
				灭	I/O 模块未运行、厂商信息不匹配等
3	RUN	运行指示灯	绿色	灭	PROFINET 数据传输停止
				亮	PROFINET 数据传输正常
4	SF	错误指示灯	红色	灭	PROFINET 诊断不存在
				亮	PROFINET 诊断存在
5	BF	错误指示灯	红色	灭	没有 PROFINET 诊断
				闪烁	链路状态好；无通信链路到 PROFI-NET I/O 控制器
				亮	没有链路状态可用
6	MT	维护指示灯	黄色	—	维护要求

6. GSD 文件安装

GSD 文件（通用站描述文件）包含所有 DP 从站属性。如果要组态一个不在硬件目录中显示的 DP 从站，则必须安装由制造商提供的 GSD 文件。通过 GSD 文件安装的 DP 从站显示在硬件目录中，这样便可选择这些 DP 从站并对其进行组态。GSD 文件安装步骤如下。

（1）选择"选项"→"安装通用站描述文件（GSD）"命令，弹出"安装通用站描述文件"对话框。

（2）在"安装通用站描述文件"对话框中选择保存 GSD 文件的文件夹，从中选择需要的 GSD 文件。

（3）单击"安装"按钮。

 任务实施与评价

1. 任务实施准备

1）安全生产所需的各种防护用品

工位、用电安全警告标志牌、安全帽、绝缘手套、急救包。

2）常用工具及设备

万用表、线扎带、内六角扳手套件、一字起子、十字起子、尖嘴钳、计算机、仿真虚拟软件、博途软件。

执行单元远程 I/O 模块组态配置　　机器人通信信号配置方法

2. 实训资料准备

远程 I/O 模块通信适配作业表、远程 I/O 模块通信适配评价表。

3. 任务实施过程

远程 I/O 模块通信适配作业表如表 3-3 所示。

表 3-3　远程 I/O 模块通信适配作业表

姓名		班级		学号		工位	
平台是否 正常上电		平台出现何种 异常状况		异常状况出现 在哪个单元		异常状况 是否消失	
序号		实训步骤及要点					
1		按下图所示参数设置在示教器中添加远程 I/O 模块，并写出添加远程 I/O 设备的步骤： 控制面板 - 配置 - I/O System - DeviceNet Device - 添加 新增时必须将所有必要输入项设置为一个值。 双击一个参数以修改。 使用来自模板的值：　DeviceNet Generic Device 参数名称　　　　　　值　　　　　　10 到 14 共 19 Address　　　　　　　11 Vendor ID　　　　　　9999 Product Code　　　　 67　　　　　　4 Device Type　　　　　12 Production Inhibit Time (ms)　10 控制面板 - 配置 - I/O System - DeviceNet Device - DN_Generic 名称：　　DN_Generic 双击一个参数以修改。 参数名称　　　　　　值　　　　　14 到 19 共 19 Production Inhibit Time (ms)　10 Connection Type　　　Polled PollRate　　　　　　　100 Connection Output Size (bytes)　12　　5 Connection Input Size (bytes)　2 Quick Connect　　　　Deactivated							

序号	实训步骤及要点
2	下图为执行单元中 PLC_3 的远程 I/O 模块（FR8210）。它与工业机器人的远程 I/O 模块（FR8030）已互连。在博途软件中将 GSD 文件安装后，组态 PLC_3 的远程 I/O 模块（FR8210）并分配 I/O 地址，将操作步骤写在第 3 栏
3	写出第 2 栏的操作步骤：

4. 任务评价

远程 I/O 模块通信适配评价表如表 3-4 所示。

执行单元远程 I/O
模块组态配置

表 3-4　远程 I/O 模块通信适配评价表

基本信息	姓名		学号		班级		工位	
	设备使用情况	无任何问题		有人为损坏			是否维护更新	
	规定时间		完成时间		考核日期		总评成绩	
考核内容	序号	细分步骤		完成情况		标准分	评分	
				完成	未完成			
	1	正确添加工业机器人的远程 I/O 模块（FR8030）				40		
	2	正确组态 PLC_3 的远程 I/O 模块（FR8210）				40		
"7S" 管理完成情况	整理、整顿、清扫、清洁、素养、安全、节约					10		
	团队协作					10		
	教师评语							

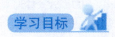

任务3.2　伺服轴运动控制

任务描述

伺服控制系统包括控制器、伺服驱动器、伺服电动机和位置检测反馈元件，伺服驱动器通过执行控制器的指令来控制伺服电动机，进而驱动机械设备的运动部件（这里指的是丝杠工作台），实现对机械设备的速度、转矩和位置的控制。伺服控制系统广泛应用于高精度数控机床、工业机器人、纺织机械、印刷机械、包装机械、自动化流水线以及各种专用设备。本任务主要介绍伺服电动机及其控制基础、三菱 MR – JE 伺服控制等。

学习目标

知识目标

（1）PTO 相对位置控制、回原点、绝对运动控制、速度控制编程与调试。

（2）S7 – 1200 PLC 发送 PTO 脉冲到步进驱动器或伺服驱动器，控制步进电动机或伺服电动机运转，从而控制单轴丝杠做直线运动的过程。

技能目标

（1）掌握 PTO 相对位置控制、回原点、绝对运动控制、速度控制编程与调试的方法。

（2）掌握 S7 – 1200 PLC 发送 PTO 脉冲到步进驱动器或伺服驱动器，控制步进电动机或伺服电动机运转，从而控制单轴丝杠做直线运动的过程。

素质目标

（1）能与他人合作完成实训任务，培养团队合作精神。

（2）在进行实训操作的过程中，遵守实训室操作规范，培养"7S"工作态度。

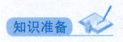
知识准备

1. 伺服控制系统组成原理

伺服控制系统专指被控量（系统的输出量）是机械位移或速度、加速度的反馈控制系统，其作用是使输出的机械位移（或转角）准确地跟踪输入的位移（或转角）。伺服控制系统的组成和其他形式的反馈控制系统没有原则上的区别。

伺服控制原理

图 3 – 16 所示为伺服控制系统组成原理图，它包括控制器、伺服驱动器、伺服电动机和位置检测反馈元件。伺服驱动器通过执行控制器的指令来控制伺服电动机，进而驱动机械设备的运动部件（这里指的是丝杠工作台），实现对机械设备的速度、转矩和位置的控制。

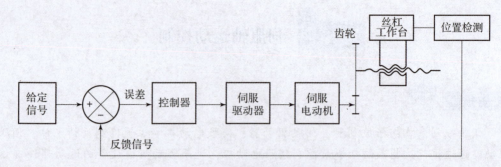

图 3-16　伺服控制系统组成原理图

从自动控制理论的角度来分析，伺服控制系统一般包括比较环节、控制器、执行环节、被控对象、检测环节五部分。

伺服轴配置

1）比较环节

比较环节是将输入的指令信号与系统的反馈信号进行比较，以获得输出与输入间的偏差信号的环节，通常由专门的电路或计算机实现。

2）控制器

控制器通常是 PLC、计算机或 PID 控制电路，其主要任务是对比较环节输出的偏差信号进行变换处理，以控制执行环节按要求动作。

3）执行环节

执行环节的作用是按控制信号的要求，将输入的各种形式的能量转化成机械能，驱动被控对象工作，这里一般指各种电动机、液压、气动伺服机构等。

4）被控对象

机械参数量（包括位移、速度、加速度、力、力矩）为被控对象。

5）检测环节

检测环节是指能够对输出进行测量并将测量结果转换成具有比较环节所需要量纲的量的装置，一般包括传感器和转换电路。

2. 伺服电动机的原理与结构

伺服电动机与步进电动机的不同是，伺服电动机是将输入的电压信号变换成转轴的角位移或角速度输出，其控制精度非常高。

伺服电动机按使用的电源性质不同可以分为直流伺服电动机和交流伺服电动机两种。直流伺服电动机存在如下缺点：电枢绕组在转子上，不利于散热；电枢绕组在转子上，使转子惯量较大，不利于高速响应；电刷和换向器易磨损，需要经常维护；换向时会产生电火花，等等。因此，直流伺服电动机慢慢地被交流伺服电动机所替代。

在实际应用中，伺服电动机通常采用图 3-17 所示的结构，它包括定子、转子、轴承、编码器、编码器连接线及伺服电动机连接线等。

3. 伺服驱动器的控制模式

伺服驱动器一般包含位置回路、速度回路和转矩回路，使用时可与伺服电动机和

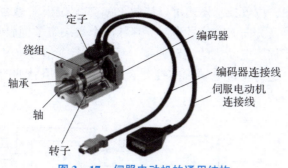

图 3 - 17   伺服电动机的通用结构

控制器结合起来组合成不同的工作模式，以满足不同的应用要求。伺服驱动器主要有速度控制、转矩控制和位置控制三种模式。

1）速度控制模式

如图 3 - 18 所示，速度控制模式采取变频调速的方式，即通过控制输出电源的频率对伺服电动机进行调速。此时，伺服电动机工作在速度控制闭环，编码器会检测速度信号并反馈到伺服驱动器，与设定信号（如多段速、电位器设定等）进行比较，然后进行速度 PID 控制。

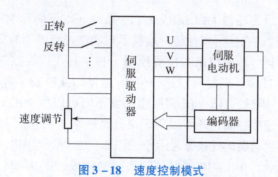

图 3 - 18   速度控制模式

2）转矩控制模式

如图 3 - 19 所示，转矩控制模式是通过外部模拟量输入来控制伺服电动机的输出转矩。

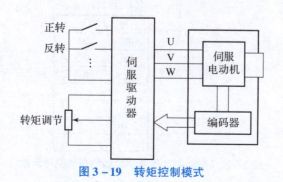

图 3 - 19   转矩控制模式

3）位置控制模式

如图 3-20 所示，位置控制模式可以接收 PLC 或定位模块等运动控制器送来的位置指令信号。以脉冲及方向指令信号为例，其脉冲个数决定了伺服电动机的运动位置，其脉冲的频率决定了伺服电动机的运动速度，而方向指令信号电平的高低决定了伺服电动机的运动方向。这与步进电动机的控制有相似之处，但脉冲的频率要高得多，以适应伺服电动机的高转速。

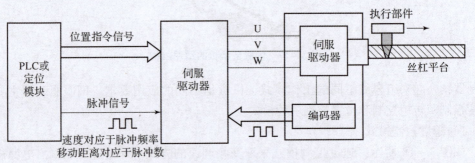

图 3-20　位置控制模式

4. 三菱 MR-JE 伺服驱动器应用基础

三菱通用交流伺服驱动器 MELSERVO-JE 系列（以下简称 MR-JE）是以 MELSERVO-J4 系列为基础，在保持高性能的前提下对功能进行限制的交流伺服驱动器。它的控制模式有速度控制、转矩控制和位置控制三种。它在位置控制模式下最高可以支持 4 Mpul/s 的高速脉冲串；同时可以选择位置/速度切换控制、速度/转矩切换控制和转矩/位置切换控制。因此，MR-JE 伺服驱动器不但可以用于机床和普通工业机械的高精度定位和平滑的速度控制，还可以用于张力控制等，应用范围十分广泛。图 3-21 所示为 MR-JE 伺服驱动器的规格型号示意。图 3-22 所示为 MR-JE 伺服驱动器的外部结构。图 3-23 所示为 MR-JE 伺服控制系统的构成。图 3-24 所示为 CN1 连接器引脚结构。表 3-5 所示为 CN1 连接器引脚结构组成。

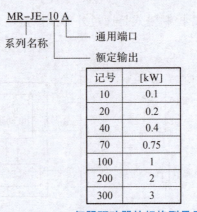

记号	[kW]
10	0.1
20	0.2
40	0.4
70	0.75
100	1
200	2
300	3

图 3-21　MR-JE 伺服驱动器的规格型号示意

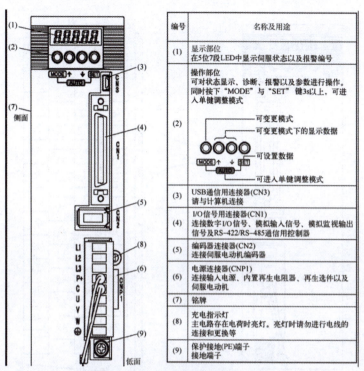

编号	名称及用途
(1)	显示部位 在5位7段LED中显示伺服状态以及报警编号
(2)	操作部位 可对状态显示、诊断、报警以及参数进行操作。同时按下"MODE"与"SET"键3s以上,可进入单键调整模式 可变更模式 可变更模式下的显示数据 可设置数据 可进入单键调整模式
(3)	USB通信用连接器(CN3) 请与计算机连接
(4)	I/O信号用连接器(CN1) 连接数字I/O信号、模拟输入信号、模拟监视输出信号及RS-422/RS-485通信用控制器
(5)	编码器连接器(CN2) 连接伺服电动机编码器
(6)	电源连接器(CNP1) 连接输入电源、内置再生电阻器、再生选件以及伺服电动机
(7)	铭牌
(8)	充电指示灯 主电路存在电荷时亮灯。亮灯时请勿进行电线的连接和更换等
(9)	保护接地(PE)端子 接地端子

图 3-22　MR-JE 伺服驱动器的外部结构

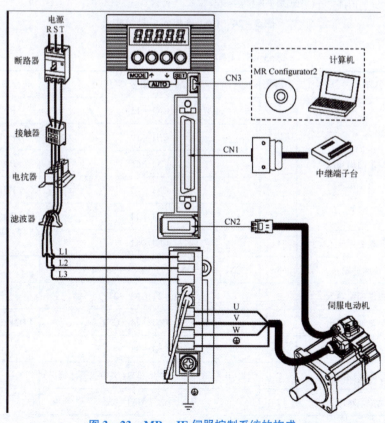

图 3-23　MR-JE 伺服控制系统的构成

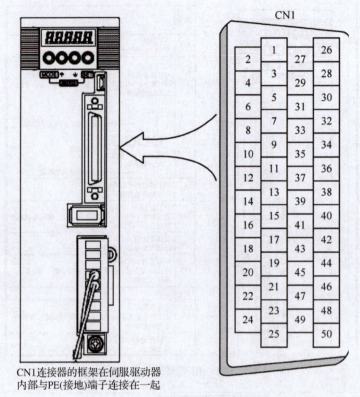

CN1连接器的框架在伺服驱动器
内部与PE(接地)端子连接在一起

图3-24　CN1连接器引脚结构

表3-5　CN1连接器引脚结构组成

引脚		引脚数	引脚编号	相关参数
输入	数量量通用输入	5	CN1-15	PD03·PD04
			CN1-19	PD11·PD12
			CN1-41	PD13·PD14
			CN1-43	PD17·PD18
			CN1-44	PD19·PD20
	数字量专用输入	1	CN1-42	—
	定位脉冲输入	4	CN1-10、CN1-11、CN1-35、CN1-36	—
	模拟量控制输入	2	CN1-2、CN1-27	—
输出	数字量通用输出	3	CN1-23、CN1-24、CN1-49	PD24、PD25、PD28
	数字量专用输出	1	CN1-48	—
	编码器输出	7	CN1-4~CN1-9、CN1-33（集电极开路输出）	—
	模拟量输出	2	CN1-26、CN1-29	—

引脚		引脚数	引脚编号	相关参数
电源	+15 V 电源输出 P15R	1	CN1 – 1	—
	控制公共端 LC	4	CN1 – 3、CN1 – 28、CN1 – 30、CN1 – 34	—
	数字端口电源输入 DICOM	2	CN1 – 20、CN1 – 21	—
	数字端口公共端 DOCOM	2	CN1 – 46、CN1 – 47	—
	集电极开路电源输入	1	CN1 – 12	—
未使用		15	CN1 – 13、CN1 – 14、CN1 – 16 ~ CN1 – 18、CN1 – 22、CN1 – 25、CN1 – 31、CN1 – 32、CN1 – 37 ~ CN1 – 40、CN1 – 45、CN1 – 50	—

5. MR – JE 伺服驱动器控制模式接线

MR – JE 伺服驱动器需要接收脉冲信号进行定位。指令脉冲串能够以集电极开路（集电极漏型、集电极源型）和差动线驱动两种方式输入，同时可以选择正逻辑或者负逻辑。指令脉冲串形态在 [Pr. PA13] 中进行设置。

1）集电极开路方式

图 3 – 25 所示为集电极开路方式。

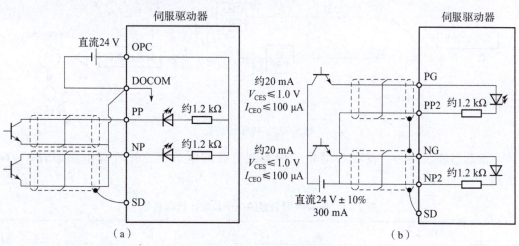

图 3 – 25　集电极开路方式

(a) 集电极漏型；(b) 集电极源型

2）差动线驱动方式

图 3 – 26 所示为差动线驱动方式。

6. 电子齿轮功能与电子齿轮比参数

伺服电动机控制的"电子齿轮"功能主要用于调整伺服电动机旋转 1 圈所需要的指令脉冲数，以保证伺服电动机能够达到所需转速。例如上位机 PLC 最高发送脉冲频

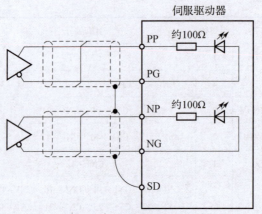

图 3-26   差动线驱动方式

率为 200 kHz，若不修改电子齿轮比，则伺服电动机旋转 1 圈需要 10 000 个脉冲，即伺服电动机最高转速为 1 200 r/min，若将电子齿轮比设为 2 : 1，或者将每转脉冲数设定为 5 000，则伺服电动机可以达到 2 400 r/min 的转速。

在 MR-JE 伺服控制中，电子齿轮比如图 3-27 所示，其中 Pt 为伺服电动机分辨率，Pr 为每转指令输入脉冲数。

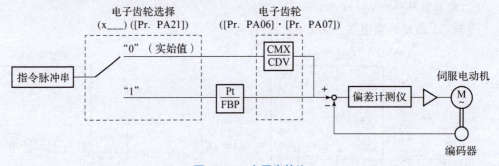

图 3-27   电子齿轮比

滚珠丝杠、圆台、皮带和滑轮三种类型负载的电子齿轮比计算步骤如表 3-6 所示。

表 3-6   三种类型负载的电子齿轮比计算步骤

步骤	负载		
	滚珠丝杠	圆台	皮带和滑轮
1	P：节距；C：指令单位 $1 \text{圈} = \dfrac{P}{C}$	C：指令单位 $1 \text{圈} = \dfrac{360°}{C}$	D：滑轮直径；C：指令单位 $1 \text{圈} = \dfrac{\pi D}{C}$

步骤	负载		
	滚珠丝杠	圆台	皮带和滑轮
2	滚珠丝杠节距：6 mm	1 圈旋转角度：360°	滑轮周长：$\pi \times D = 3.14 \times 100$ mm $= 314$ mm
3	机械减速比：1/1	机械减速比：3/1	机械减速比：2/1
4	$\dfrac{P_t}{FBP} = 2\,500$ 脉冲/转	$\dfrac{P_t}{FBP} = 2\,500$ 脉冲/转	$\dfrac{P_t}{FBP} = 2\,500$ 脉冲/转
5	1 指令单位：0.001 mm	1 指令单位：0.1°	1 指令单位：0.02 mm
6	每圈完成 1 节距需要的指令单位数（即表中第 2 项除以第 5 项）：6 mm/0.001 mm = 6 000	每圈完成旋转 1 周需要的指令单位数（即表中第 2 项除以第 5 项）：360°/0.1° = 3 600	每圈完成 1 周长需要的指令单位数（即表中第 2 项除以第 5 项）：314 mm/0.02 mm = 15 700
7	电子齿轮比 = 第 4 项×系数 k（这里取 4）×第 3 项/第 6 项，即 电子齿轮比 $= \dfrac{2\,500 \times 4}{6\,000} \times \dfrac{1}{1} = \dfrac{5}{3}$	电子齿轮比 = 第 4 项×系数 k（这里取 4）×第 3 项/第 6 项，即 电子齿轮比 $= \dfrac{2\,500 \times 4}{3\,600} \times \dfrac{3}{1} = \dfrac{25}{3}$	电子齿轮比 = 第 4 项×系数 k（这里取 4）×第 3 项/第 6 项，即 电子齿轮比 $= \dfrac{2\,500 \times 4}{15\,700} \times \dfrac{2}{1} = \dfrac{200}{157}$

7. S7 – 1200 PLC 的运动控制

运动控制系统的基本架构包括运动控制器、驱动器、执行器及反馈传感器等。从运动控制系统的基本架构可以看到，PLC 作为一种典型的运动控制核心起到了非常重要的作用。这主要是由于 PLC 具有高速脉冲输入、高速脉冲输出及运动控制等软、硬件功能。一般而言，用于控制步进电动机的脉冲通过 S7 – 1200 PLC 输出并送到步进电动机的驱动器

轴运动工艺
参数的配置

后，转化为轴向运动，实现定位和定长功能。S7 – 1200 PLC 实现运动控制的途径主要包括程序指令块、工艺对象"轴"定义、CPU PTO 硬件输出及相关执行设备定义等。

S7 – 1200 PLC 实现运动控制的基础在于集成了高速计数端口、高速脉冲输出端口等硬件和相应的软件功能。尤其是 S7 – 1200 PLC 在运动控制中使用了轴的概念，通过对轴的组态（包括硬件端口、位置定义、动态特性、机械特性等）与相关的指令块（符合 PLCopen 规范）组合使用，可以实现绝对位置、相对位置、点动、转速控制及自动寻找参考点的功能。

图 3 – 28 所示为 S7 – 1200 PLC 的运动控制应用，即 CPU 输出脉冲 [脉冲串输出（Pulse Train Output，PTO）] 和方向到驱动器（步进或伺服），驱动器对从 CPU 输出的给定值进行处理后输出到步进电动机或伺服电动机，控制电动机的加速、减速及移动。需要注意的是，S7 – 1200 PLC 内部的高速计数器通过测量 CPU 的脉冲输出（类似编码

器信号）来计算当前的速度和位置，并非实际电动机编码器所反馈的实际速度和位置。

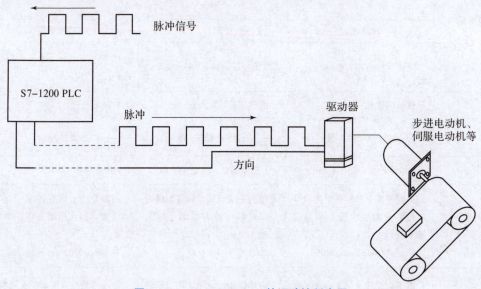

图 3 – 28　S7 – 1200 PLC 的运动控制应用

S7 – 1200 PLC 高速 PTO 的最高频率为 100 kHz，信号板输出的最高频率为 20 kHz。在使用 PTO 功能时，CPU 将占用集成点 Qa. 0、Qa. 2 或信号板的 Q4. 0 作为脉冲输出点，当 Qa. 1、Qa. 3 或信号板的 Q4. 1 作为方向信号输出点时，虽然使用过程映像驱动地址，但这些点会被 PTO 功能独立使用，不会受扫描周期的影响，作为普通输出点的功能将被禁止。

需要注意的是，S7 – 1200 PLC 的 CPU 只支持 PNP 输出、电压为直流 24 V 的脉冲信号，继电器的点不能用于 PTO 功能。在与驱动器连接的过程中尤其要注意这个问题。

在 S7 – 1200 PLC 中，术语"轴"特指用"轴"工艺对象表示的驱动器工艺映像。"轴"工艺对象是用户程序与驱动器之间的接口，用于接收用户程序中的运动控制命令，执行这些命令并监视其运行情况。运动控制命令在用户程序中通过运动控制语句启动。

术语"驱动器"特指由步进电动机与动力部分或伺服驱动器与具有脉冲端口的转换器组成的机电装置。驱动器由"轴"工艺对象通过 S7 – 1200 CPU 的脉冲发生器控制。S7 – 1200 PLC 对运动控制需要先进行硬件配置，具体步骤如下。

（1）选择设备组态。

（2）选择合适的 PLC。

（3）定义脉冲发生器为 PTO。

与 PWM 输出一样，选择 PTO1 ~ 4（共 4 个端口），并通过软件选择 PTO 或 PWM 选项，一旦选择 PTO 选项，则需要设置输出源为集成输出或板载 CPU 输出（如果使用具有继电器输出的 PLC，则必须将信号板用于 PTO）及其他参数，如时基、脉冲宽度格式、循环时间等。如选用 PTO1，则脉冲输出为 Q0. 0，方向输出为 Q0. 1。

图 3 – 29 所示为在项目树中创建新的工艺对象——"轴"和"轴控制"。

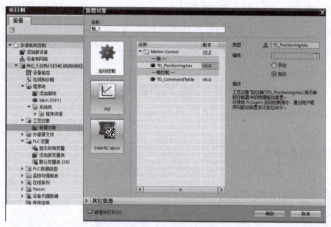

图 3－29　创建新的工艺对象——"轴"和"轴控制"

8. 运动控制相关指令

1）MC_Power 指令

轴在运动之前必须先被使能，使用 MC_Power 指令可集中启用或禁用轴。如果启用了轴，则分配给该轴的所有运动控制指令都将被启用。如果禁用了轴，则用于该轴的所有运动控制指令都将无效，并将中断当前的所有作业。图 3－30 所示为 MC_Power 指令。

MC_Power 指令的输入端说明如下。

（1）EN：MC_Power 指令的使能端，不是轴的使能端。MC_Power 指令在程序中必须一直被调用，并保证 MC_Power 指令在其他运动控制指令的前面被调用。

（2）Axis：轴名称。可以用以下几种方式输入轴名称。①用鼠标直接从博途软件左侧项目树中拖拽轴的工艺对象；②用键盘输入字符，则博途软件会自动显示可以添加的轴对象；③用复制的方式把轴的名称复制到指令上；④用鼠标双击"Aixs"，系统会出现右边带可选按钮的白色长条框，这时单击"选择"按钮即可。

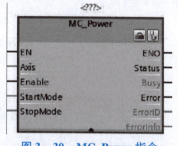

图 3－30　MC_Power 指令

（3）Enable：轴使能端。当 Enable 端变为高电平后，CPU 按照工艺对象中组态好的方式使能外部驱动器；当 Enable 端变为低电平后，CPU 按照 StopMode 中定义的模式停车。

2）MC_Reset 指令

MC_Reset 指令用于确认错误，即如果存在一个需要确认的错误，则可通过上升沿激活 Execute 端进行复位，如图 3－31 所示。

MC_Reset 指定的输入端说明如下。

（1）EN：MC_Reset 指令的使能端。

（2）Axis：轴名称。

（3）Execute：MC_Reset 指令的启动位，用上升沿触发。

（4）Restart：Restart =0 时，确认错误；Restart =1 时，将轴的组态从装载存储器下载到工作存储器（只有在禁用轴时才能执行该命令）。

输出端 Done 表示轴的错误已被确认。

3）MC_Home 指令

轴回原点运动由 MC_Home 指令启动，如图 3 - 32 所示。在轴回原点期间，参考点坐标设置在定义的轴机械位置处。

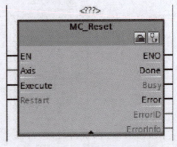

图 3 - 31　MC_Reset 指令

回原点模式共有 4 种。

（1）Mode =3，主动回原点。在主动回原点模式下，MC_Home 指令执行所需要的参考点逼近，取消其他所有被激活的运动。

（2）Mode =2，被动回原点。在被动回原点模式下，MC_Home 指令不执行参考点逼近，不取消其他被激活的运动。逼近参考点开关必须由用户通过运动控制语句执行或由机械运动执行。

（3）Mode =0，绝对式直接回原点。无论参考凸轮位置如何都设置轴位置，不取消其他被激活的运动。立即激活 MC_Home 指令中 Position 参数的值作为轴的参考点和位置值。轴必须处于停止状态时才能将参考点准确分配到机械位置。

（4）Mode =1，相对式直接回原点。无论参考凸轮位置如何，都设置轴位置，不取消其他被激活的运动。适用参考点和轴位置的规则：新的轴位置 = 当前轴位置 + Position 参数的值。

4）MC_Halt 指令

MC_Halt 指令用于停止轴的运动，如图 3 - 33 所示。每个被激活的运动控制指令都可由该指令停止。上升沿使能 Execute 端后，轴会立即按照组态好的减速曲线停车。

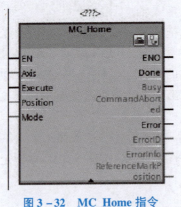

图 3 - 32　MC_Home 指令

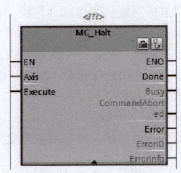

图 3 - 33　MC_Halt 指令

5）MC_MoveAbsolute 指令

MC_MoveAbsolute 指令用于绝对位置移动，如图 3 - 34 所示。它需要在定义好参考点、建立坐标系后才能使用，通过指定参数 Position 和 Velocity 可到达机械限位内的任意一点，当上升沿使能 Execute 端后，系统会自动计算当前位置与目标位置之间的脉冲数，并加速到指定速度，在到达目标位置时减速到启动/停止速度。

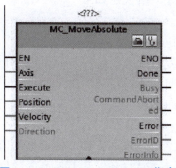

图 3 - 34　MC_MoveAbsolute 指令

6）MC_MoveRelative 指令

MC_MoveRelative 指令用于相对位置移动，如图 3 - 35 所示。它的执行不需要建立参考点，只需要定义运行距离、方向及速度。当上升沿使能 Execute 端后，轴按照设置好的距离与速度运行，其方向由距离值的符号决定。

图 3 - 35　MC_MoveRelative 指令

MC_MoveRelative 指令与 MC_MoveAbsolute 指令的主要区别在于是否需要建立坐标系（是否需要参考点）。MC_MoveAbsolute 指令需要知道目标位置在坐标系中的坐标，并根据坐标自动决定运动方向而不需要定义参考点；MC_MoveRelative 指令只需要知道当前点与目标位置的距离，由用户给定方向，不需要建立坐标系。

7）MC_MoveVelocity 指令

MC_MoveVelocity 指令用于使轴以预设的速度运行，如图 3 - 36 所示。

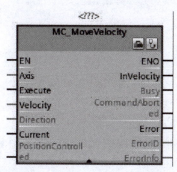

图 3 - 36　MC_MoveVelocity 指令

MC_MoveVelocity 指令的输入端说明如下。

（1）Velocity：轴的速度。

（2）Direction：方向数值。

①Direction = 0 时，旋转方向取决于参数 Velocity 的符号。

②Direction = 1 时，正方向旋转，忽略参数 Velocity 的符号。

③Direction = 2 时，负方向旋转，忽略参数 Velocity 的符号。

（3）Current。

①Current = 0 时，轴按照参数 Velocity 和 Direction 的值运行。

②Current = 1 时，轴忽略参数 Velocity 和 Direction 的值，以当前速度运行。

可以设定 Velocity 的值为 0.0，触发 MC_MoveVelocity 指令后，轴会以组态的减速度停止运行，相当于 MC_Halt 指令。

8）MC_MoveJog 指令

MC_MoveJog 指令用于在点动模式下以指定的速度连续移动轴，如图 3 - 37 所示。在使用该指令时，正向点动和反向点动不能同时触发。

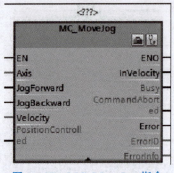

图 3 - 37　MC_MoveJog 指令

MC_MoveJog 指令的输入端说明如下。

（1）JogForward：正向点动，不是用上升沿触发。JogForward 为 1 时，轴运行；JogForward 为 0 时，轴停止。它类似按钮功能，按下按钮，轴运行；松开按钮，轴停止运行。

（2）JogBackward：反向点动。在执行 MC_MoveJog 指令时，保证 JogForward 和 JogBackward 不会同时触发，可以进行逻辑互锁。

（3）Velocity：点动速度。

 任务实施与评价

1. 任务实施准备

1）安全生产所需的各种防护用品

工位、用电安全警告标志牌、安全帽、绝缘手套、急救包。

2）常用工具及设备

万用表、线扎带、内六角扳手套件、一字起子、十字起子、尖

伺服轴 PLC 编程

嘴钳、计算机、仿真虚拟软件、博途软件。

2. 实训资料准备

伺服轴运动控制作业表、伺服轴运动控制评价表。

3. 任务实施过程

伺服轴运动控制作业表如表3-7所示。

伺服轴编程调试运行

表3-7 伺服轴运动控制作业表

姓名		班级		学号		工位	
平台是否 正常上电		平台出现何种 异常状况		异常状况出现 在哪个单元		异常状况 是否消失	
序号	实训步骤及要点						
1	按下图向导创建轴组态 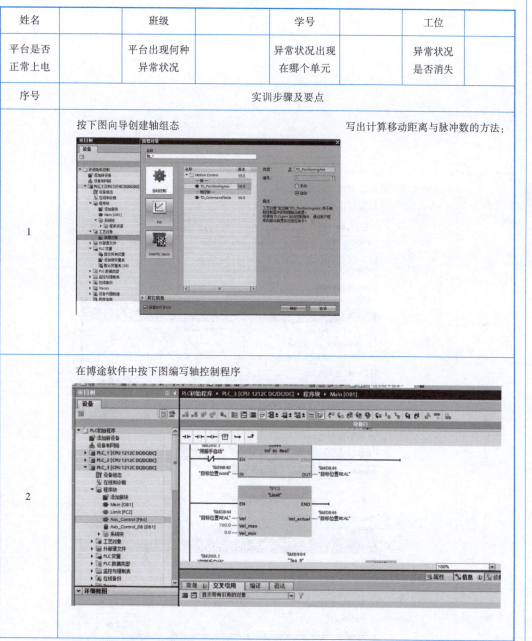			写出计算移动距离与脉冲数的方法：			
2	在博途软件中按下图编写轴控制程序						

序号	实训步骤及要点
3	写出第 2 栏的轴控制程序：
4	在示教器中适配如下两个组输出信号。 第一个信号，位置组信号 ServoPosition： 手动　LAPTOP-6UI5QIHA　　防护装置停止　已停止（速度 100%） 控制画板 - 配置 - I/O System - Signal - ToPGroPosition 名称：　ToPGroPosition 双击一个参数以修改。 参数名称　　　　　　　　值　　　　　　　　1 到 6 共 10 Name　　　　　　　　　　ServoPosition Type of Signal　　　　　Group Output Assigned to Device　　　DN_Generic Signal Identification Label Device Mapping　　　　　0-9 Category 确定　　　取消 第二个信号，速度组信号 ServoVelocity： 手动　LAPTOP-6UI5QIHA　　防护装置停止　已停止（速度 100%） 控制画板 - 配置 - I/O System - Signal - ServoVelocity 名称：　ServoVelocity 双击一个参数以修改。 参数名称　　　　　　　　值　　　　　　　　1 到 6 共 10 Name　　　　　　　　　　ServoVelocity Type of Signal　　　　　Group Output Assigned to Device　　　DN_Generic Signal Identification Label Device Mapping　　　　　10-11 Category 确定　　　取消

序号	实训步骤及要点
5	在示教器"输入输出"选项中找到两个输出信号，并给定数值检验伺服轴是否可以移动 手动 LAFTOP-SUISQIHA　　防护装置停止 已停止（速度 100%） HotEdit　　备份与恢复 输入输出　　校准 手动操纵　　控制面板 自动生产窗口　　事件日志 程序编辑器　　FlexPendant 资源管理器 程序数据　　系统信息 注销 Default User　　重新启动

4. 任务评价

伺服轴运动控制评价表如表 3-8 所示。

表 3-8　伺服轴运动控制评价表

基本信息	姓名		学号		班级		工位	
	设备使用情况	无任何问题		有人为损坏			是否维护更新	
	规定时间		完成时间		考核日期		总评成绩	

考核内容	序号	细分步骤	完成情况		标准分	评分
			完成	未完成		
	1	正确完成轴组态与 PLC 编程			40	
	2	正确实现伺服轴的工业机器人控制移动			40	
"7S"管理完成情况	整理、整顿、清扫、清洁、素养、安全、节约				10	
	团队协作				10	
	教师评语					

项目四 仓储单元的集成调试与应用

任务4.1 PLC通信与仓储单元自检控制

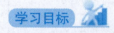 **任务描述**

Modbus TCP 是施耐德公司于 1996 年推出的基于以太网 TCP/IP 的 Modbus 协议。Modbus TCP 是开放式协议，很多设备都集成此协议，如 PLC、工业机器人、智能工业相机和其他智能设备等。

开放式用户通信（OUC 通信）是基于以太网进行数据交换的协议，适用于 PLC 之间通信以及 PLC 与第三方设备、PLC 与高级语言等进行数据交换。

学习目标

知识目标

（1）Modbus TCP 通信应用。

（2）开放式用户通信应用。

技能目标

（1）掌握 Modbus TCP 通信的编程方法。

（2）掌握开放式用户通信的编程方法。

素质目标

（1）能与他人合作完成实训任务，培养团队合作精神。

（2）在进行实训操作的过程中，遵守实训室操作规范，培养"7S"工作态度。

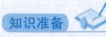 **知识准备**

1. Modbus TCP 通信应用基础

Modbus TCP 通信结合了以太网物理网络和 TCP/IP 网络标准，采用包含 Modbus 应用协议数据的报文传输方式。Modbus 设备间的数据交换是通过功能码实现的，有些功能码对位操作，有些功能码对字操作。

S7 – 1200 CPU 集成的以太网端口支持 Modbus TCP 通信，可作为 Modbus TCP 客户

端或者服务器端。Modbus TCP 通信使用 TCP 通信作为通信路径，通信时占用 S7 – 1200 CPU 的开放式用户通信连接资源，通过调用 Modbus TCP 客户端（MB_CLIENT）指令和服务器端（MB_SERVER）指令进行数据交换。

在"指令"选项卡中选择"通信"→"其他"→"MODBUS TCP"选项，Modbus TCP 通信指令列表如图 4 – 1 所示。Modbus TCP 通信主要包括两个指令：MB_CLIENT 指令和 MB_SERVER 指令。将每个指令块拖拽到程序工作区后将自动分配背景数据块，背景数据块的名称可自行修改，背景数据块的编号可以手动或自动分配。

学习笔记

名称	描述	版本
▼ ▤ 通信		
▶ ▢ S7 通信		V1.3
▶ ▢ 开放式用户通信		V5.1
▶ ▢ WEB 服务器		V1.1
▼ ▢ 其它		
▼ ▢ MODBUS TCP		V4.2
▤ MB_CLIENT	通过 PROFINET 进行…	V4.1
▤ MB_SERVER	通过 PROFINET 进行…	V4.2
▶ ▢ 通信处理器		
▶ ▢ 远程服务		V1.9

图 4 – 1　Modbus TCP 通信指令列表

1）MB_CLIENT 指令介绍

MB_CLIENT 指令作为 Modbus TCP 客户端指令，可以在客户端和服务器之间建立连接并发送 Modbus TCP 请求、接收响应和控制服务器断开，如图 4 – 2 所示。

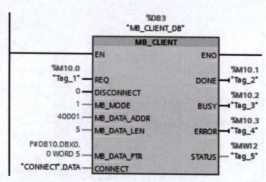

图 4 – 2　MB_CLIENT 指令

MB_CLIENT 指令的引脚参数如表 4 – 1 所示。

表 4 – 1　MB_CLIENT 指令的引脚参数

引脚参数	数据类型	说明
REQ	Bool	与服务器之间的通信请求，上升沿有效
DISCONNECT	Bool	通过该参数可以控制与 Modbus TCP 服务器建立和终止连接。0 表示建立连接，1 表示断开连接
MB_MODE	USInt	选择 Modbus TCP 请求模式（读取、写入或诊断）。0 表示读，1 表示写

项目四　仓储单元的集成调试与应用 ■ 85

引脚参数	数据类型	说明
MB_DATA_ADDR	UDInt	MB_CLIENT 指令所访问数据的起始地址
MB_DATA_LEN	UInt	数据长度：数据访问的位或字的个数
MB_DATA_PTR	Variant	指向 Modbus 数据寄存器的指针：寄存器缓冲数据进入 Modbus TCP 服务器或来自 Modbus TCP 服务器。指针必须分配一个未进行优化的全局数据块或 M 存储器地址。
CONNECT	Variant	引用包含系统数据类型为 TCON_IP_v4 的连接参数的数据块结构
DONE	Bool	最后一个作业成功完成，立即将输出端 DONE 置位为 "1"
BUSY	Bool	作业状态位：0 表示无正在处理的作业；1 表示作业正在处理
ERROR	Bool	错误位：0 表示无错误；1 表示出现错误，错误原因查看 STATUS 参数
STATUS	Word	错误代码

2）MB_SERVER 指令介绍

MB_SERVER 指令作为 Modbus TCP 服务器通过以太网连接进行通信。MB_SERVER 指令处理 Modbus TCP 客户端的连接请求，并接收和处理 Modbus TCP 请求和发送响应，如图 4－3 所示。

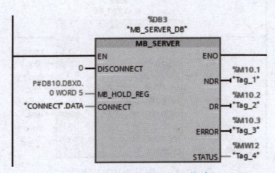

图 4－3　MB_SERVER 指令

MB_SERVER 指令的引脚参数如表 4－2 所示。

表 4－2　MB_SERVER 指令的引脚参数

引脚参数	数据类型	说明
DISCONNET	Bool	尝试与伙伴设备进行被动连接。也就是说，服务器被动地侦听来自任何请求 IP 地址的 TCP 连接请求。如果 DISCONNECT = 0 且不存在连接，则可以启动被动连接。如果 DISCONNECT = 1 且存在连接，则启动断开操作。该参数允许程序控制何时接受连接。当启用此输入端时，无法尝试其他操作

引脚参数	数据类型	说明
MB_HOLD_REG	Variant	指向 MB_SERVER 指令中 Modbus TCP 保持性寄存器的指针。MB_HOLD_REG 引用的存储区必须大于 2 字节。保持性寄存器中包含 Modbus TCP 客户端通过 Modbus TCP 功能 3（读取）、6（写入）、16（多次写入）和 23（在一个作业中读写）可访问的值。作为保持性寄存器，可以使用具有优化访问权限的全局数据块，也可以使用位存储器的存储区
CONNECT	Variant	引用包含系统数据类型为 TCON_IP_v4 的连接参数的数据块结构
NDR	Bool	NDR 即 New Data Ready。 0：无新数据； 1：从 Modbus TCP 客户端写入的新数据
DR	Bool	DR 即 Data Read。 0：未读取数据； 1：从 Modbus TCP 客户端读取的数据
ERROR	Bool	如果上一个请求有错误，则变为 TRUE 并保持一个周期
STATUS	Word	错误代码

2. 开放式用户通信应用基础

开放式用户通信有以下通信连接方式。

（1）TCP 通信方式。该通信方式支持 TCP/IP 的开放式数据通信。TCP/IP 采用面向数据流的数据传送，发送的数据长度最好是固定的。如果数据长度发生变化，则在接收区需要判断数据流的开始和结束位置，比较烦琐，并且需要考虑发送和接收的时序问题。

（2）ISO – on – TCP 通信方式。由于 ISO 不支持以太网路由，所以西门子应用 RFC1006 将 ISO 映射到 TCP 上，以实现网络路由。

（3）UDP 通信方式。该通信方式属于 OSI 模型第四层协议，支持简单数据传输，数据无须确认。与 TCP 通信方式相比，UDP 通信方式没有连接。

S7 – 1200 PLC 通过集成的以太网端口进行开放式用户通信连接，通过调用发送指令（TSEND_C）和接收指令（TRCV_C）进行数据交换。其通信方式为双边通信，因此，两台 S7 – 1200 PLC 之间进行开放式用户通信时，TSEND_C 指令和 TRCV_C 指令必须成对出现。

1）TSEND_C 指令介绍

使用 TSEND_C 指令设置并建立通信连接后，CPU 会自动保持和监视该连接。该指令异步执行，先设置并建立通信连接，然后通过现有的通信连接发送数据，最后终止或重置通信连接。TSEND_C 指令如图 4 – 4 所示。

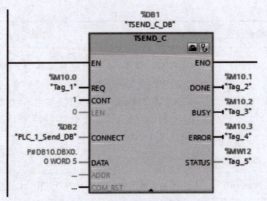

图 4 – 4　TSEND_C 指令

TSEND_C 指令的引脚参数如表 4 – 3 所示。

表 4 – 3　TSEND_C 指令的引脚参数

引脚参数	数据类型	说明
REQ	Bool	在上升沿执行该指令
CONT	Bool	控制通信连接：为 0 时，断开通信连接；为 1 时，建立并保持通信连接
LEN	UDlnt	可选参数（隐藏）。要通过作业发送的最大字节数。如果在 DATA 参数中使用具有优化访问权限的发送区，则 LED 参数必须为 "0"
CONNECT	Variant	指向连接描述结构的指针。对于 TCP 或 UDP，使用 TCON_IP_v4 系统数据类型。对于 ISO – on – TCP，使用 TCON_IP_RFC 系统数据类型
DATA	Variant	指向发送区的指针，该发送区包含要发送数据的地址和长度。传送结构时，发送端和接收端的结构必须相同
ADDR	Variant	UDP 需使用的隐藏参数。此时，将包含指向系统数据类型 TADDR_Raram 的指针。接收方的地址信息（IP 地址和端口号）将存储在系统数据类型为 TADDR_Param 的数据块中
COM_RST	Bool	重置连接：可选参数（隐藏）。 0：不相关； 1：重置现在连接。 COM_RST 参数通过 TSEND_C 指令进行求值后将被复位，因此不应静态互连
DONE	Bool	最后一个作业成功完成后，立即将参数 DONE 置位为 "1"
BUSY	Bool	作业状态位：0 表示无正在处理的作业；1 表示作业正处理
ERROR	Bool	错误位：0 表示无错误；1 表示出现错误，错误原因查看 STATUS 参数
STATUS	Word	错误代码

2）TRCV_C 指令介绍

使用 TRCV_C 指令设置并建立通信连接后，CPU 会自动保持和监视该连接。该指令异步执行，先设置并建立通信连接，然后通过现有的通信连接接收数据。TRCV_C 指令如图 4 – 5 所示。

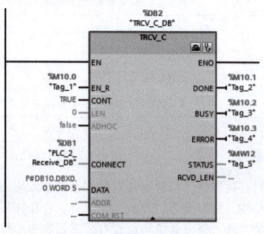

图 4 – 5　TRCV_C 指令

TRCV_C 指令的引脚参数如表 4 – 4 所示。

表 4 – 4　TRCV_C 指令的引脚参数

引脚参数	数据类型	说明
EN_R	Bool	启用接收功能
CONT	Bool	控制通信连接： 0：断开通信连接； 1：建立通信连接并在接收数据后保持该通信连接
LEN	UDlnt	要接收数据的最大长度。如果在 DATA 参数中使用具有优先访问权限的接收区，则 LEN 参数必须为 "0"
ADHOC	Bool	可选参数（隐藏），TCP 选项使用 Ad – hoc 模式。
CONNECT	Variant	指向连接描述结构的指针。对于 TCP 或 UDP，使用结构 TCON_IP_v4；对于 ISO – on – TCP，使用结构 TCON_IP_RFC
DATA	Variant	指向接收区的指针。传送结构时，发送端和接收端的结构必须相同
ADDR	Variant	UDP 需要使用的隐藏参数。此时，将包含指向系统数据类型 TADDR_Param 的指针。发送端的地址信息（IP 地址和端口号）将存储在系统数据类型为 TADDR_Param 的数据块中
COM_RST	Bool	可选参数（隐藏） 重置连接： 0：不相关； 1：重置现有连接。 COM_RST 参数通过 TRCV_C 指令进行求值后将被复位，因此不应静态互连

引脚参数	数据类型	说明
DONE	Bool	最后一个作业成功完成后，立即将参数 DONE 置位为"1"
BUSY	Bool	作业状态位：0 表示无正在处理的作业；1 表示作业正在处理
ERROR	Bool	错误位：0 表示无错误；1 表示出现错误，错误原因查看 STATUS 参数
STATUS	Word	错误代码
RCVD_LEN	UDlnt	实际接收到的数据量（以字节为单位）

3. 仓储单元的组成

仓储单元用于临时存放零件，是智能制造单元系统集成应用平台的功能单元。立体仓库为双层六仓位结构，每个仓位可存放一个零件，仓位托板可推出，以方便工业机器人以不同方式取放零件。每个仓位均设置有传感器和指示灯，可检测当前仓位是否存放有零件并将状态显示出来。仓储单元所有气缸动作和传感器信号均由远程 I/O 模块通过工业以太网传输到总控单元。仓储单元的组成如图 4-6 所示。

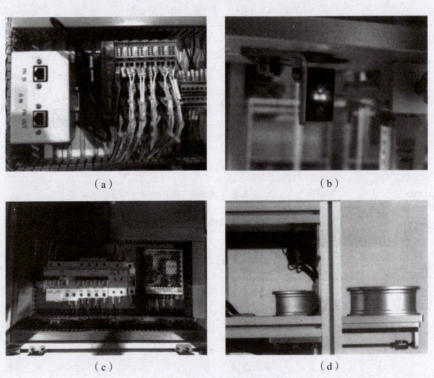

（a）　　　　　　　　　　（b）

（c）　　　　　　　　　　（d）

图 4-6　仓储单元的组成

（a）远程 I/O 模块；（b）物料传感器；（c）配电底板；（d）气动托盘

1. 任务实施准备

1）安全生产所需的各种防护用品

工位、用电安全警告标志牌、安全帽、绝缘手套、急救包。

2）常用工具及设备

万用表、线扎带、内六角扳手套件、一字起子、十字起子、尖嘴钳、计算机、仿真虚拟软件、博途软件。

2. 实训资料准备

PLC 通信与仓储单元自检控制作业表、PLC 通信与仓储单元自检控制适配评价表。

3. 任务实施过程

PLC 通信与仓储单元自检控制作业表如表 4 – 5 所示。

工业机器人
程序编写方法

PLC 程序调试
实践

按钮发令取放
工具调试

表 4 – 5　PLC 通信与仓储单元自检控制作业表

姓名		班级		学号		工位	
平台是否正常上电		平台出现何种异常状况		异常状况出现在哪个单元		异常状况是否消失	
序号	实训步骤及要点						
1	利用 Modbus TCP 通信，实现两台 S7 – 1200 PLC 之间的通信，一台 S7 – 1200 PLC 作为客户端，另一台 S7 – 1200 PLC 作为服务器。客户端将 DB10. DBW0 ~ DB10. DBW4 的数据写到服务器的 DB100. DBW0 ~ DB100. DBW4 中。思考并实践如何实现客户端与服务端的双向通信。 将具体 PLC 程序编写如下：						
2	按下图分配仓储单元的远程 I/O 模块并分配远程 I/O 模块的地址：						

模块	...	机架	插槽	I 地址	Q 地址	类型	订货号	固件
▼ storage		0	0			FR8210	1234567	V10.00.00
▶ PN-IO		0	0 X1			HDC		
FR1108_1		0	1	4		FR1108		1.0
FR1108_2		0	2	5		FR1108		1.0
FR2108_1		0	3		4	FR2108		1.0
FR2108_2		0	4		5	FR2108		1.0
FR2108_3		0	5		6	FR2108		1.0

PLC_1 CPU 1212C　　PLC_2 CPU 1212C　　storage FR8210　DP-NORM　PLC_2

PN/IE_1

序号	实训步骤及要点
3	按下列要求完成 PLC 编程。 （1）将仓储单元拼入，完成硬件设备拼接，以及电路、气路和通信线路连接。 （2）对总控单元的 PLC_2 进行配置，建立与仓储单元的远程 I/O 模块通信，并根据电路图纸建立信号表。 （3）对总控单元的 PLC_2 进行编程，实现立体仓库的功能（每个仓位的传感器可以感知当前是否有轮毂零件存放在仓位中；仓位指示灯根据仓位内轮毂零件的存储状态点亮，当仓位内没有存放轮毂零件时亮红灯，当仓位内存放轮毂零件时亮绿灯）。 （4）对总控单元的 PLC_2 进行编程，实现立体仓库的自检功能（所有仓位按照仓位编号由小到大推出后，仓位指示灯红绿交替 1 秒闪烁 2 次，所有仓位按照仓位编号由大到小依次缩回）。 （5）按下主面板上的自保持按钮（绿），由 PLC_1 向 PLC_2 发送十六进制数 FF，启动第（4）步。当自检完成，PLC_2 向 PLC_1 发送十六进制数 0F，并点亮自保持按钮（绿）自带的绿灯。当按下主面板上的自保持按钮（红）时，PLC_1 向 PLC_2 发送十六进制数 00，复位自检完成，可重复自检
4	写出第 3 栏的 PLC 程序：

4. 任务评价表

PLC 通信与仓储单元自检控制评价表如表 4 – 6 所示。

仓储自检 PLC
编程调试

表 4-6　PLC 通信与仓储单元自检控制评价表

基本信息	姓名		学号		班级		工位	
	设备使用情况	无任何问题		有人为损坏		是否维护更新		
	规定时间		完成时间		考核日期		总评成绩	
考核内容	序号	细分步骤		完成情况		标准分	评分	
				完成	未完成			
	1	正确完成 Modbus TCP 通信				20		
	2	正确完成仓储单元远程 I/O 模块组态				20		
	3	正确完成仓储单元自检 PLC 编程				40		
"7S" 管理完成情况	整理、整顿、清扫、清洁、素养、安全、节约					10		
	团队协作					10		
	教师评语							

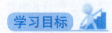

任务4.2　仓储单元的集成和功能调试——A1/A2流程的实现

任务描述

在完成任务 4.1 后，对总控单元的 PLC_1、执行单元的工业机器人进行编程，实现 A1/A2 流程。

A1 流程要求如下。

（1）工业机器人由仓储单元将轮毂零件取出。

（2）优先取出所在仓位编号较大的轮毂零件。

（3）若此轮毂零件已被取出过，则跳过此仓位。

A2 流程要求如下。

（1）工业机器人将所持轮毂零件放回仓储单元。

（2）放入轮毂零件的仓位编号为该轮毂零件取出时的仓位编号。

实现 A1/A2 取放轮毂流程

实现轮毂与仓位号对应

学习目标

知识目标

（1）仓储单元的远程 I/O 模块组态。

（2）仓储单元的 A1/A2 流程 PLC 编程。

（3）仓储单元的 A1/A2 流程工业机器人编程。

技能目标

（1）掌握仓储单元的远程 I/O 模块组态方法。

（2）掌握仓储单元的 A1/A2 流程 PLC 编程方法。

（3）掌握仓储单元的 A1/A2 流程工业机器人编程方法。

素质目标

（1）能与他人合作完成实训任务，培养团队合作精神。

（2）在进行实训操作的过程中，遵守实训室操作规范，培养"7S"工作态度。

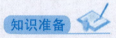

1. 仓储单元与工业机器人之间的通信

要完成具体的仓储任务，需要仓储单元的气缸（含到位检测）、物料传感器、指示灯三者互相配合。仓储单元作为一个相对独立的模块，其功能定义如下：反馈当前各仓位的物料状态；反馈当前各仓位托板的推出/缩回状态；接收仓位的推出/缩回信号，并推出/缩回对应仓位。

仓储单元的直接控制者和反馈信号接收者是总控单元的 PLC_1。仓位托板的推出与缩回均由外部信号控制，在本系统中工业机器人作为上位机发出这些"外部信号"。由于指令发出和反馈接收的主体不同，所以需要工业机器人与 PLC 进行通信来保证与仓储单元的信息互通。

图 4-7 所示为仓位推出/缩回的通信过程。

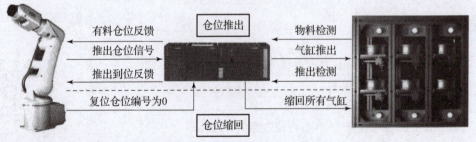

图 4-7　仓位推出/缩回的通信过程

具体过程如下。

（1）检测反馈过程。仓位中的物料传感器将物料检测信号传输至 PLC，PLC 再将该信号发送至工业机器人。通过此过程，机器人即可得知仓储单元所有仓位的物料状态。

（2）托板推出/缩回过程。工业机器人经过逻辑判断后，向 PLC 发送需要推出/缩回的仓位编号。PLC 自身解析该信号之后，控制对应仓位的气缸动作，使托板推出/缩回。

（3）到位反馈过程。托板推出到位后，气缸端部的磁感应开关检测到该到位信号，并将该信号传输至 PLC，PLC 再将该信号发送至工业机器人。

通过以上三个过程，可形成整个通信过程的闭环，保证了逻辑的严谨性以及动作时机的准确性。

工业机器人和 PLC 是通过远程 I/O 模块完成通信的。通信逻辑确定之后，即可建立实际的交互信号。

（1）针对物料检测状态反馈，工业机器人需要同时得知每个仓位的物料有无状态，因此反馈信号需要同时传输 6 个状态值。从 PLC 编程的角度来看，点到点的 Bool 数据（数字量信号）传输较为方便。

（2）针对仓位推出/缩回动作和到位反馈，这两个信号的对象是某个仓位的动作指令/动作执行状态，因此可以采取信号编组的形式传输信息。

从 PLC 数据传输的角度来看，信号编组位数最好为 8 或 8 的整数倍（Byte、Word 等）。在此本着以较少 I/O 点位传输较多信息的原则，可以将仓位推出/缩回控制信号编组位数减少至 3 位，这 3 位输出点位编组后可传输的数值范围为 0 ~ 7，满足当前立体仓位的个数要求。

根据以上划分依据，将选用的远程 I/O 端口及通信关系整理如下，各交互信号的功能定义及硬件通道如表 4 - 7 所示。

表 4 - 7　工业机器人与 PLC 的交互信号

工业机器人硬件通信设备	工业机器人信号	功能描述	类型	对应 PLC I/O 点位	对应 PLC 硬件设备
工业机器人远程 I/O 模块 NO. 2 FR1108 1 ~ 6 通道	FrPDigStorage1 Hub	1 号仓位有料	Bool	Q17.0	总控单元 PLC 远程 I/O 模块 No. 6 FR2108 1 ~ 6 通道
	FrPD igStorage2 Hub	2 号仓位有料	Bool	Q17.1	
	FrPDigStorage3 Hub	3 号仓位有料	Bool	Q17.2	
	F rPDigStorage4 Hub	4 号仓位有料	Bool	Q17.3	
	FrPDigStorage5 Hub	5 号仓位有料	Bool	Q17.4	
	FrPDigStorage6 Hub	6 号仓位有料	Bool	Q17.5	
工业机器人远程 I/O 模块 NO. 1 FR1108 1 ~ 8 通道	FrPGroStorageArrive	仓位推出到位	Byte	QB16	总控单元 PLC 远程 I/O 模块 No. 5 FR2108 1 ~ 8 通道
工业机器人远程 I/O 模块 NO. 5 FR2108 2 ~ 4 通道	ToPGroStroageOut	推出/缩回对应编号的仓位	Byte	118.1 ~ 118.3	总控单元 PLC 远程 I/O 模块 No. 3 FR1108 2 ~ 4 通道

PLC 通过分布在仓储单元的远程 I/O 模块，以点到点的形式与仓储单元的硬件进行通信，通信关系如表 4 - 8 所示。

表 4 - 8　PLC 与仓储单元的交互信号

序号	PLC I/O 点位	功能描述	对应硬件（数量）
1	14. 0 ~ 14. 5	1 ~ 6 号仓位产品检测	物料传感器（6）
2	15. 0 ~ 15. 5	1 ~ 6 号仓位推出检测	气缸到位传感器（6）
3	Q4. 0 ~ Q4. 5	1 ~ 3 号仓位指示灯	仓位指示灯（12）
4	Q5. 0 ~ Q5. 5	4 ~ 6 号仓位指示灯	
5	Q6. 0 ~ Q6. 5	推出 1 ~ 6 号仓位	气缸（6）

2. 任务分析

图 4 - 8 所示为 PLC 和工业机器人功能分配。综合取料流程和放料流程，可以从中提炼出两者共同的工艺为①－②－④－⑤－⑥，执行取料流程时还需要随即标记已取仓位编号（③）。在执行过程中步骤①、④、⑤动作流程直接由 PLC 控制，步骤⑥的直接实施者为工业机器人，而步骤②（判断可取/放仓位）和步骤③（标记已取仓位编号），既可以由 PLC 完成，也可以由工业机器人完成。相比而言，工业机器人对于变量的逻辑判断、标记和更改比 PLC 更为灵活，在此将步骤②和步骤③划分给工业机器人完成。以上功能分配将为工业机器人和 PLC 的具体取料、放料程序编制提供依据。

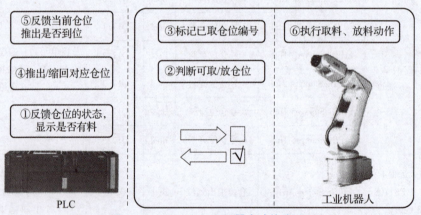

图 4 - 8　PLC 和工业机器人功能分配

如图 4 - 9 所示，PLC 根据工业机器人发出的仓位编号执行对应仓位的推出动作，这就需要工业机器人对组信号的数值进行解码，即转化为等值的二进制数，然后通过远程 I/O 模块的输出端口输出至 PLC 的输入端口。PLC 程序会综合这 3 个输入端口的状态执行不同的动作。就像一把钥匙开启一把锁一样，当 118. 1 ~ 118. 3 呈现不同的状态时，即可开启不同的功能，以推出不同编号的仓位。按照二进制方式将各个端口状态对应的仓位编号进行整理，如表 4 - 9 所示。

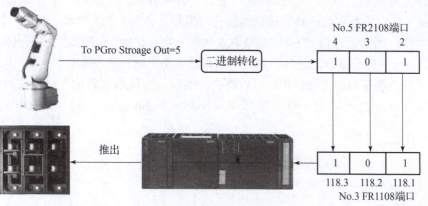

图4-9 仓位推出信号解析

表4-9 端口状态与仓位编号对照

工业机器人信号 ToPGroStroageOut	PLC 输入端口状态			推出仓位编号
	118.3	118.2	118.1	
0	0	0	0	—
1	0	0	1	1
2	0	1	0	2
3	0	1	1	3
4	1	0	0	4
5	1	0	1	5
6	1	1	0	6

作为取料、放料流程的发起者，工业机器人的程序架构决定了整个工艺的实施时序，工艺流程如图4-10所示。

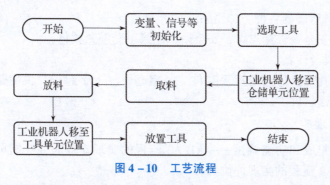

图4-10 工艺流程

由功能分配可以知道，工业机器人需要检测当前的仓储单元状态。一方面，为了找到当前可以取料的仓位（非空仓位且物料未被取出过），可以将当前可取料的仓位编号用一个"可变量"（如 NumStorage）记录；另一方面，可以用一个一维数组（StorageMark {6}）来标记已经被取过物料的仓位编号，如图 4 - 11 所示。其中，若仓位已被取过物料，则标记为1；若仓位未被取过物料，则标记为0。例如，2 号仓位、6 号仓位被标记为 1，即已被取过物料，在后序取料过程中会跳过这些仓位。

为了提高程序编制的灵活性，可以将仓位编号与仓位取放料的点位信息对应起来。如图 4 - 12 所示，可以用一维常量数组（Storage HubPosition {6}）来存储这些点位信息。

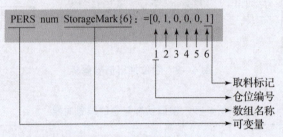

图 4 - 11　已取状态标记数组

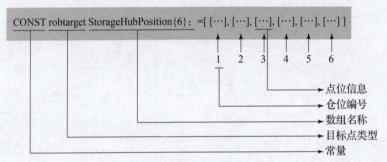

图 4 - 12　料仓点位数组

　任务实施与评价

1. 任务实施准备

1）安全生产所需的各种防护用品

工位、用电安全警告标志牌、安全帽、绝缘手套、急救包。

2）常用工具及设备

万用表、线扎带、内六角扳手套件、一字起子、十字起子、尖嘴钳、计算机、仿真虚拟软件、博途软件。

2. 实训资料准备

仓储单元的集成和功能调试——A1/A2 流程的实现作业表、仓储单元的集成和功能调试——A1/A2 流程的实现评价表。

3. 任务实施过程

仓储单元的集成和功能调试——A1/A2 流程的实现作业表如表 4 - 10 所示。

表 4 – 10　仓储单元的集成和功能调试——A1/A2 流程的实现作业表

姓名		班级		学号		工位	
平台是否 正常上电		平台出现何种 异常状况		异常状况出现 在哪个单元		异常状况 是否消失	
序号		实训步骤及要点					
1	按下图组态仓储单元远程 I/O 模块，并分配 I/O 地址：						

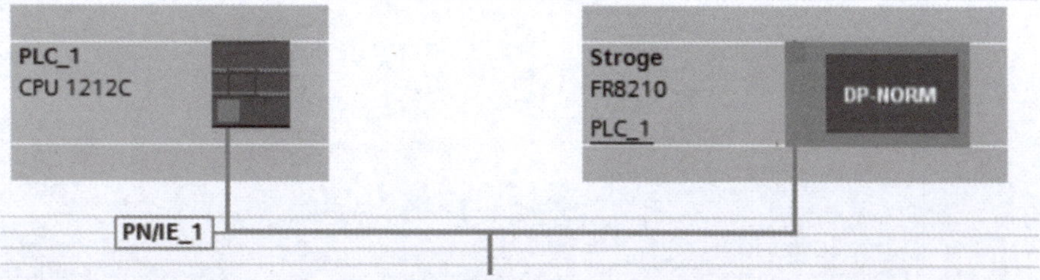

Y 模块	...	机架	插槽	I 地址	Q 地址	类型
▼ Stroge		0	0			FR8210
▶ PN-IO		0	0 X1			HDC
FR1108_1		0	1	4		FR1108
FR1108_2		0	2	5		FR1108
FR2108_1		0	3		4	FR2108
FR2108_2		0	4		5	FR2108
FR2108_3		0	5		6	FR2108

2　按教师提供的参考例程编写仓储单元取料程序。

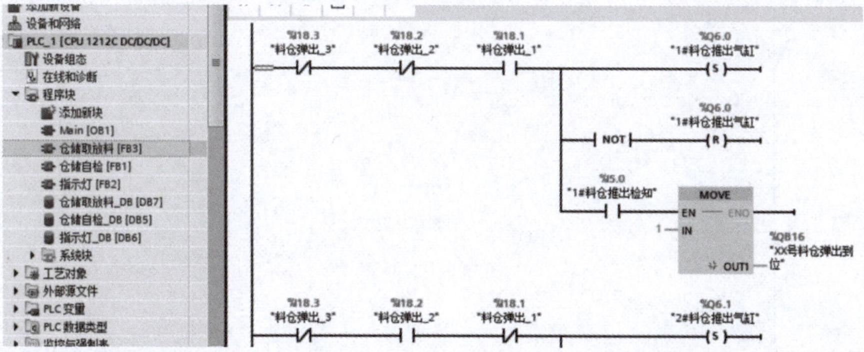

将具体程序写在第 3 栏

序号	实训步骤及要点
3	将仓储单元取料程序写在此栏：
4	写出完成 A1/A2 流程的工业机器人程序：

4. 任务评价

仓储单元的集成和功能调试——A1/A2 流程的实现评价表如表4－11所示。

表4－11 仓储单元的集成和功能调试——A1/A2 流程的实现评价表

<table>
<tr><td rowspan="3">基本信息</td><td>姓名</td><td colspan="2"></td><td>学号</td><td></td><td>班级</td><td></td><td>工位</td><td></td></tr>
<tr><td>设备使用情况</td><td colspan="2">无任何问题</td><td colspan="2">有人为损坏</td><td></td><td></td><td>是否维护更新</td><td></td></tr>
<tr><td>规定时间</td><td colspan="2"></td><td>完成时间</td><td></td><td>考核日期</td><td></td><td>总评成绩</td><td></td></tr>
<tr><td rowspan="4">考核内容</td><td rowspan="2">序号</td><td rowspan="2" colspan="3">细分步骤</td><td colspan="2">完成情况</td><td rowspan="2" colspan="2">标准分</td><td rowspan="2">评分</td></tr>
<tr><td>完成</td><td>未完成</td></tr>
<tr><td>1</td><td colspan="3">正确完成仓储单元取料 PLC 编程</td><td></td><td></td><td colspan="2">30</td><td></td></tr>
<tr><td>2</td><td colspan="3">正确完成仓储单元远程 I/O 模块组态</td><td></td><td></td><td colspan="2">20</td><td></td></tr>
<tr><td>3</td><td colspan="3">正确完成 A1/A2 流程的工业机器人编程</td><td></td><td></td><td colspan="2">30</td><td></td></tr>
<tr><td colspan="2">"7S"管理完成情况</td><td colspan="3">整理、整顿、清扫、清洁、素养、安全、节约</td><td></td><td></td><td colspan="2">10</td><td></td></tr>
<tr><td colspan="2">团队协作</td><td colspan="3"></td><td></td><td></td><td colspan="2">10</td><td></td></tr>
<tr><td colspan="2">教师评语</td><td colspan="7"></td></tr>
</table>

项目五　检测单元的集成调试与应用

任务5.1　欧姆龙机器视觉系统应用

任务描述

计算机视觉、图像处理和机器视觉是彼此紧密关联的学科。这些学科的基础理论大致是相同的。

计算机视觉是计算机科学的一个分支。计算机视觉的研究对象主要是映射到单幅或多幅图像上的三维场景，例如三维场景的重建。计算机视觉的研究在很大程度上针对图像的内容。

图像处理的研究对象主要是二维图像，它主要研究图像的转化，尤其针对像素级的操作，例如提高图像对比度、进行边缘提取、去噪声、进行图像旋转等。

机器视觉简单来说就是给机器增加一双智能的眼睛，让机器具备视觉的功能，能够进行检测和判断，进而替代传统的人工检测。机器视觉主要指工业领域的视觉研究，是系统工程的一个领域。在这一领域，通过软件/硬件、图像感知与控制理论与图像处理紧密结合来实现高效的机器控制或各种实时操作。

学习目标

知识目标

(1) 欧姆龙机器视觉系统硬件。

(2) 欧姆龙机器视觉系统软件的使用方法。

(3) 不同颜色标签、图形形状、二维码的检测方法。

技能目标

(1) 掌握欧姆龙机器视觉系统软件的使用方法。

(2) 掌握不同颜色标签、图形形状、二维码的检测方法。

素质目标

(1) 能与他人合作完成实训任务，培养团队合作精神。

(2) 在进行实训操作的过程中，遵守实训室操作规范，培养"7S"工作态度。

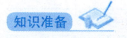

视觉检测

1. 视觉检测系统工作原理

按照现在人类科学的理解，人类视觉系统的感受部分是视网膜，它是一个三维采样系统，如图5-1（a）所示。三维物体的可见部分通过晶状体投影到视网膜上，大脑按照投影到视网膜上的二维图像对该物体进行三维理解，并给出思维判断或肢体动作指令。所谓三维理解，是指对被观察物体的形状、尺寸、到观察点的距离、质地和运动特征（方向和速度）等的理解。

图5-1（b）所示为一个典型的机器视觉系统的图像采集部分。机器视觉系统与人类视觉系统相似，包括光源、镜头、相机等。机器视觉系统利用光电成像系统采集被控目标的图像，经计算机或专用的图像处理模块进行数字处理，根据图像的像素分布、亮度和颜色等信息，进行尺寸、形状、颜色等的识别。这样就把计算机的快速性、可重复性，与人类视觉系统的高度智能化和抽象能力结合，大大提高了生产的柔性和自动化程度。

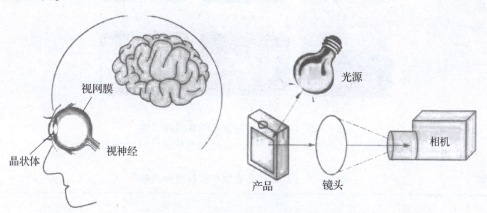

图5-1 人类视觉系统与机器视觉系统
（a）人类视觉系统；（b）机器视觉系统（图像采集部分）

从组成结构来看，典型的机器视觉系统可分为两大类：PC式（板卡式）机器视觉系统和嵌入式机器视觉系统（也称为"智能相机"或"视觉传感器"）。机器视觉系统性能对比如表5-1所示。

表5-1 机器视觉系统性能对比

性能	PC式	嵌入式
可靠性	有限	较好
体积	较大	微小、结构紧凑
网络通信能力	有限	较好
设计灵活性	很好	有限

性能	PC 式	嵌入式
功能	可扩展	有限
软件性能	需要编程	无须编程

如图 5-2 所示，PC 式机器视觉系统是一种基于计算机（一般为工业 PC）的机器视觉系统，一般由光源、光学镜头、相机（CCD 或 CMOS）、图像采集卡、传感器、图像处理软件、连接线、控制单元以及 PC 构成。PC 式机器视觉系统一般尺寸较大，结构较为复杂，但可以实现理想的检测精度及速度。PC 式机器视觉系统各组件功能如表 5-2 所示。智能制造单元系统集成应用平台的检测单元所使用的便是 PC 式机器视觉系统。

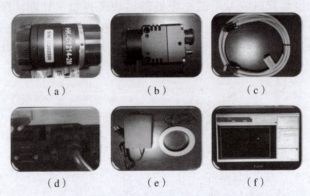

图 5-2　PC 式机器视觉系统各组件功能
（a）光学镜头；（b）相机；（c）连接线；（d）控制单元；（e）光源；（f）PC

表 5-2　PC 式机器视觉系统各组件功能

序号	组件	功能
1	光源	辅助成像器件，对成像质量的好坏起关键作用
2	光学镜头	成像器件，通常的机器视觉系统都是由一套或者多套成像器件组成。如果有多路相机，可能通过图像采集卡切换获取图像数据，也可能通过同步控制同时获取多相机的数据
3	相机	
4	图像采集卡	通常以插入板卡的形式安装在 PC 中，其主要功能是把相机输出的图像输送给 PC。它将来自相机的模拟或数字信号转换成一定格式的图像数据流，同时它可以控制相机的一些参数，例如触发信号、曝光时间、快门速度等
5	传感器	通常以光纤开关、接近开关等形式出现，用以判断被测对象的位置和状态，辅助图像采集卡进行正确的采集
6	图像处理软件	用来完成输入的图像数据的处理，然后通过一定的运算得出结果，该结果可能是 PASS/FAIL 信号、坐标位置、字符串等

序号	组件	功能
7	控制单元	包含 I/O 通信、运动控制、电平转化等功能。一旦图像处理软件完成图像分析（除非仅用于监控），紧接着就需要和外部单元进行通信以完成对生产过程的控制
8	PC	PC 式机器视觉系统的核心，用于完成图像数据的处理和绝大部分逻辑控制

机器视觉系统作为工业机器人的眼睛，通过对产品的颜色、材质、数量、轮廓、位置等信息的采集和提取，辅助工业机器人完成产品的抓取、搬运、分拣、装配等工序，使工业机器人更加智能化和柔性化，代替人工操作。机器视觉系统安装在检测单元上，当工业机器人抓取轮毂到视觉检测位置时，传感器对工业机器人所抓取的轮毂进行视觉识别，并且将其颜色、形状、位置等特征信息发送给中央控制器和工业机器人控制器，使工业机器人根据轮毂的不同特征执行相应的操作，从而完成整个工作站流程。本项目所使用的欧姆龙机器视觉系统由视觉控制器、智能相机、光源控制器、光源等硬件组成。

PC 式机器视觉系统的各组件在实际应用中根据不同的检测任务可有不同程度的增加或删减。例如，检测单元检测功能的触发由工业机器人控制，在构建机器视觉系统时不需要传感器组件。

嵌入式机器视觉系统将图像的采集、处理与通信功能集成于单一相机内，从而提供了具有多功能、模块化、高可靠性、易于实现的机器视觉解决方案。智能相机一般由图像采集单元、图像处理单元、图像处理软件和通信装置等构成，如表 5 - 3 所示。

表 5 - 3　嵌入式机器视觉系统各组件功能

序号	组件	功能
1	图像采集单元	图像采集单元相当于普通意义上的 CCD/CMOS 相机和图像采集卡，它将光学图像转换为模拟/数字图像，并输出至图像处理单元
2	图像处理单元	图像处理单元可对图像采集单元的图像数据进行实时存储，并在图像处理软件的支持下进行图像处理
3	图像处理软件	图像处理软件主要在图像处理单元硬件环境的支持下，实现图像处理功能，如几何边缘的提取、Blob（斑点检测）、灰度直方图、OCV/OVR（字符识别）、简单的定位和搜索等。在嵌入式机器视觉系统中，以上算法都封装成固定的模块，用户可直接应用而无须编程
4	通信装置	通信装置是嵌入式机器视觉系统的重要组成部分，主要完成控制信息、图像数据的通信任务。嵌入式机器视觉系统一般均内置以太网通信装置，支持多种网络标准和总线协议，还支持标准 I/O 通信和串口通信，从而使多个嵌入式机器视觉系统构成更大的机器视觉系统

2. 工业机器人与机器视觉系统的通信方式

工业机器人与机器视觉系统按照图 5-3 所示方式进行通信。

（1）A 过程。机器视觉系统在收到工业机器人的命令后，响应接收到的命令，并反馈通信连接/切换场景等命令是否完成的信息。

（2）B 过程。如果要输出数据，则图像处理软件中定义的测量流程中必须有"输出单元"（可配置多个）。测量后的数据将通过输出单元和通信模块输出。

（3）C 过程。输出数据的时间不是结束测量时，而是输出单元执行操作时。当工业机器人收到来自多个输出单元的输出数据时，可以启用数据同步交换功能。此时数据不会直接输出到外部（工业机器人），而是在通信模块中处于输出等待状态，直至收到来自外部的数据输出请求（C1），然后机器视觉系统发出数据输出结束信号（C2），进行数据输出（C3）。关闭数据同步交换功能后，可直接进行数据输出（C3）。

利用工业机器人、PC 等外部设备，可通过支持的通信协议来控制。检测单元使用的机器视觉系统可以实现并行、PLC Link、EtherNet/IP、Ether-CAT、无协议等通信方式。本项目所采用的通信方式为无协议方式。

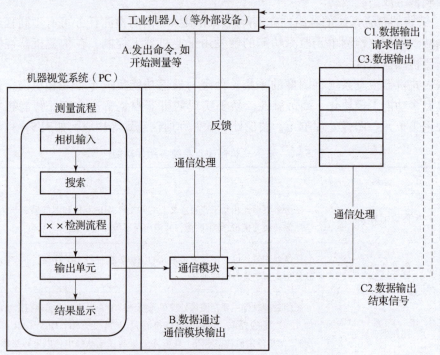

图 5-3　工业机器人与机器视觉系统的通信方式

3. 欧姆龙机器视觉系统硬件介绍

机器视觉系统的相机根据采集图像的芯片可以分成 CCD 相机和 CMOS 相机。CCD 相机是电荷耦合器件图像传感器。它使用一种高感光度的半导体材料制成，能把光线转变成电荷，通过模/数转换器芯片转换成数字信号，数字信号经过压缩以后由 CCD 相机内部的闪存或内置硬盘卡保存。

CMOS 是互补金属氧化物半导体，它主要是利用硅和锗这两种元素所做成的半导体。通过 CMOS 上带负电和带正电的晶体管来实现图像处理功能。互补效应所产生的电流即可被图像处理芯片记录和解读成图像。

CMOS 相机容易出现噪点，容易产生过热的现象；CCD 相机抑噪能力强、图像还原度高，但制造工艺复杂，导致相对耗电量大、成本高。

镜头的基本功能是实现光束调制。在机器视觉系统中，镜头的主要作用是将目标成像在传感器的光敏面上。镜头的质量直接影响到机器视觉系统的整体性能，合理地选择和安装镜头，是机器视觉系统设计的重要环节。镜头的主要参数如下。①景深：在景物空间中，能在实际成像平面上获得相对清晰图像的景物空间深度范围。②焦距：主点到成像面的距离。短焦距镜头的焦距值小时，成像面距离主点近，其画角是广角，可拍摄广大的场景；长焦距镜头的焦距值小时，成像面距离主点远，可拍摄较远的场景；变焦镜头可通过构件改变焦距，以达到清晰成像。③明亮度：与口径和焦距的变化有关，变焦镜头具有用于调整明亮度的光圈构件，可以调整明亮度。

欧姆龙机器视觉系统的特点如下。①易学，易用，易维护，安装方便；②结构紧凑，尺寸小，易于安装在生产线和各种设备上，且便于装卸和移动；③实现了图像采集卡、传感器、图像处理软件、控制单元的高度集成，通过可靠性设计，可以获得较高的效率及稳定性；④已固化了成熟的机器视觉算法，使用户无须编程就可以实现有/无判断、表面缺陷检查、尺寸测量、OCR/OCV、条码阅读等功能，从而极大地提高了应用系统的开发速度。

硬件连接完毕后，开启机器视觉系统软件，单击"图像输入 FH"按钮，观察成像是否清晰，若成像黑暗则松开 2 号旋钮，旋转镜头构件，使成像明亮；若成像模糊则松开 1 号旋钮，旋转镜头构件，使成像清晰，如图 5–4 所示。

视觉检测成像调节

图 5–4　镜头调节示意

选用欧姆龙 FH–L550 型号控制器（图 5–5），该控制器具有紧凑、处理速度快、程序编写简单等特点，集定位、识别、计数等功能于一体，可同时连接两台相机进行视觉处理，还支持 EtherNet 通信。

图 5 – 5　欧姆龙 FH – L550 型号控制器

1—系统运行显示区；2—SD 卡槽；3—USB 端口；4—显示器端口；5—通信网口；
6—并行 I/O 通信端口；7—RS – 232 通信端口；8—相机端口；9—电源端口

4. 欧姆龙机器视觉系统软件使用介绍

1）欧姆龙机器视觉系统软件操作界面

欧姆龙机器视觉系统软件操作界面如图 5 – 6 所示。

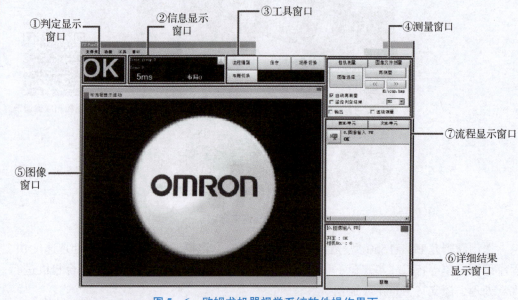

图 5 – 6　欧姆龙机器视觉系统软件操作界面

（1）判定显示窗口。

判定显示窗口用于显示场景的综合判定结果（OK/NG）。综合判定显示处理单元群时，只要任一判定结果为NG，就显示NG。

（2）信息显示窗口。

①布局：显示当前布局编号。

②处理时间：显示处理所花费的时间。

③场景组名称、场景名称：显示当前显示的场景组编号、场景编号。

（3）工具窗口。

①流程编辑：用于设定测量流程的编辑画面。

②保存：将设定数据保存到控制器的闪存中。变更任意设定后，必须单击此按钮以保存设定。

③场景切换：切换场景组或场景。可以使用128个场景×32个场景组=4 096个场景。

④布局切换：切换布局编号。

（4）测量窗口。

①相机测量：对相机图像进行试测量。

②图像文件测量：测量并保存图像。

③输出：要将调整画面中的试测量结果输出到外部时，勾选该复选框。不将测试结果输出到外部，仅进行传感器、控制器的单独测量时，取消勾选该复选框。切换场景或布局后，将不保存该复选框设定的内容，而是应用布局设定的"输出"复选框设定的内容。

④连续测量：希望在调整画面中进行连续测量时，勾选该复选框。

（5）图像窗口。

图像窗口显示已测量的图像，同时显示选中的处理单元名，或"与流程显示连动"。单击处理单元名的左侧，可显示图像窗口的属性画面。

（6）详细结果显示窗口。

详细结果显示窗口用于显示测量结果的详细内容。

（7）流程显示窗口。

流程显示窗口用于显示测量处理的内容（测量流程中设定的内容）。单击各处理项目的图标，将显示处理项目的参数设定画面。

2）场景组及场景的编辑

欧姆龙机器视觉系统软件中有适合各种测量对象和测量内容的处理项目。将这些处理项目进行适当组合，可以进行符合目的的测量。处理项目的组合称为"场景"，可以制作多个场景，如果为每个测量对象预先设置好场景，则在实际工作中，当测量对象改变时，只需要切换对应的场景即可顺利地完成测量。在一个场景组中可以创建128个不同的场景。

以128个场景为单位集合而成的处理流程称为"场景组"，若要增加场景数量，或对多个场景按照各自的类别进行管理，则制作场景组非常方便。欧姆龙机器视觉系统中最多可以设置32个场景组，即可以使用128个场景×32个场景组=4 096个场景。

场景和处理单元的编辑如图 5 – 7 所示。

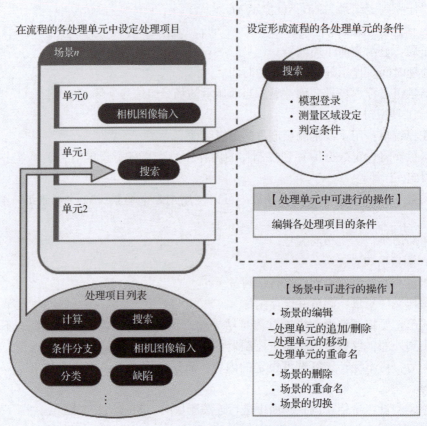

图 5 –7　场景和处理单元的编辑

3）场景的常用流程设计

图 5 –8 所示为流程编辑界面，它的各个部分说明如下。

（1）处理单元列表。

处理单元列表显示构成流程的处理单元。通过在处理单元列表中追加处理项目，可以制作场景的流程。

（2）属性设定按钮。

单击属性设定按钮将显示属性设定画面，从而进行详细设定。

（3）结束记号。

结束记号表示流程结束。

（4）流程编辑按钮。

利用流程编辑按钮可以对场景内的处理单元进行重新排列或删除。

（5）显示选项。

①放大测量流程显示：若勾选该复选框，则以大图标显示处理单元列表中的流程。

②放大处理项目：若勾选该复选框，则以大图标显示处理项目树形结构图。

③参照其他场景流程：勾选该复选框，则可参照同一场景组内的其他场景流程。

（6）处理项目树形结构图。

这是用于选择追加到流程中的处理项目的区域。处理项目按类别以树形结构图显示。单击各处理项目的"＋"图标，可显示下一层处理项目。单击各处理项目的"－"图标，则所显示的下一层处理项目收起来。勾选"参照其他场景流程"复选框时，将显示场景选择框和其他场景流程。

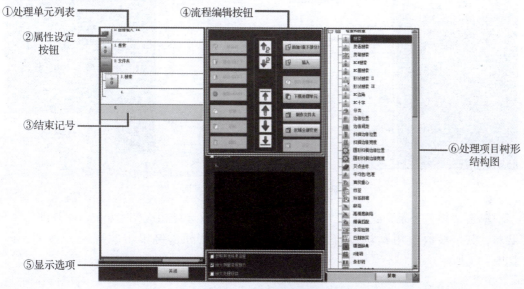

图5-8　流程编辑界面

4）视觉检测流程搭建

回到操作界面，单击"流程编辑"按钮，进入视觉检测流程搭建界面。从右侧处理项目树形结构图中选择需要添加的处理项目，单击"追加"按钮，处理项目即被添加至左侧流程框中，如图5-9所示。

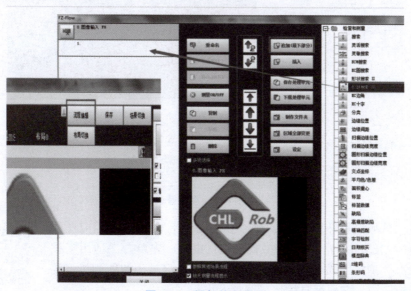

图5-9　添加处理项目

（1）实例：形状搜索Ⅲ。

在操作界面中单击"1. 形状搜索Ⅲ"按钮，进入形状搜索Ⅲ编辑界面，如图 5 – 10 所示。

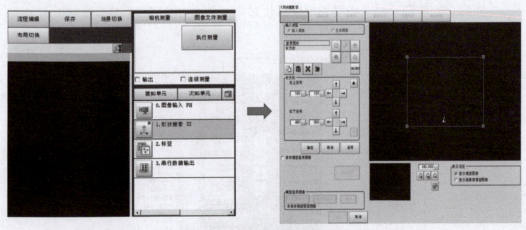

图 5 – 10　形状搜索Ⅲ编辑界面

单击"模型登录"选项卡，在"登录图形"区域选择相应图形，选中需要识别的物料，其余参数使用默认设置，先单击"适用"按钮，再单击"确定"按钮，如图 5 – 11 所示。

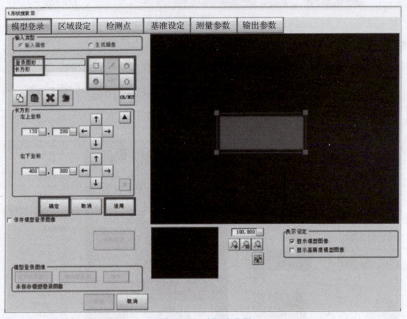

图 5 – 11　模型登录

单击"区域设定"选项卡，在"登录图形"区域选择相应图形（这里选择"长方形"），其余参数使用默认设置，先单击"适用"按钮，再单击"确定"按钮，如图 5 – 12 所示。此区域为智能相机将要搜索的画幅区域，需根据具体情况调整大小。

视觉检测模板设置

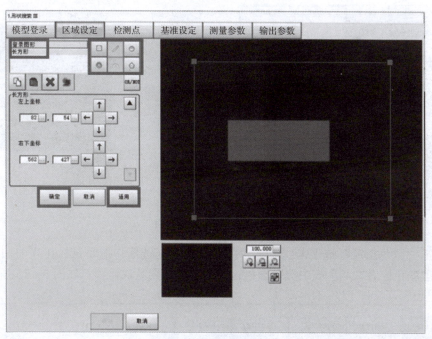

图 5 – 12　区域设定

　　"检测点"与"基准设定"选项卡使用默认设置，单击"测量参数"选项卡，将"相似度"范围更改为"60"~"100"，其余参数使用默认设置，如图 5 – 13 所示。

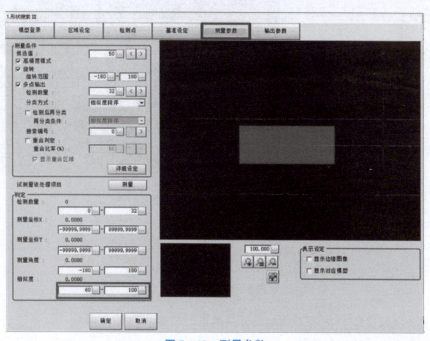

图 5 – 13　测量参数

　　（2）实例：标签。

　　在操作界面中单击"2. 标签"按钮，进入标签编辑界面，如图 5 – 14 所示。

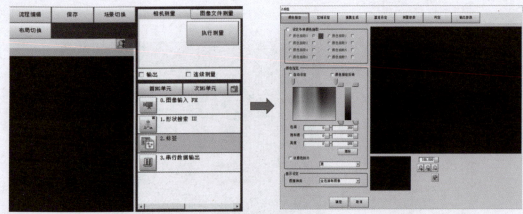

图 5 – 14　标签编辑界面

单击"颜色指定"选项卡，勾选"自动设定"复选框，拖动鼠标在当前拍摄的物体上拾取颜色或者在颜色表中选取颜色，其余参数使用默认设置，如图 5 – 15 所示。

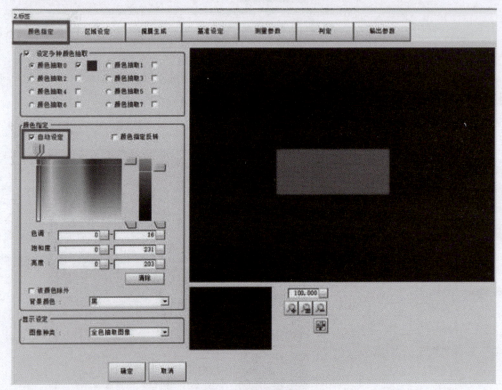

图 5 – 15　颜色指定

单击"区域设定"选项卡，在"登录图形"区域选择相应图形，其余参数使用默认设置，先单击"适用"按钮，再单击"确定"按钮，如图 5 – 16 所示。

"掩膜生成"与"基准设定"使用默认设置，单击"测量参数"选项卡，在"抽取条件"区域的第一个下拉列表中选择"面积"选项，更改最小值为"1000"，其余参数使用默认设置，如图 5 – 17 所示。

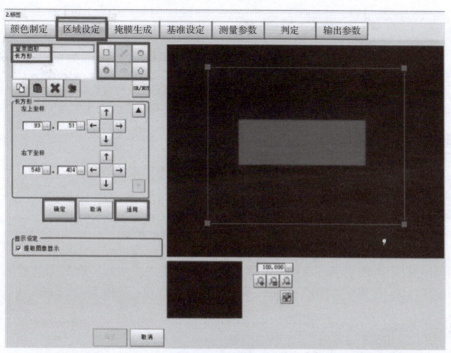

图 5 – 16   区域设定

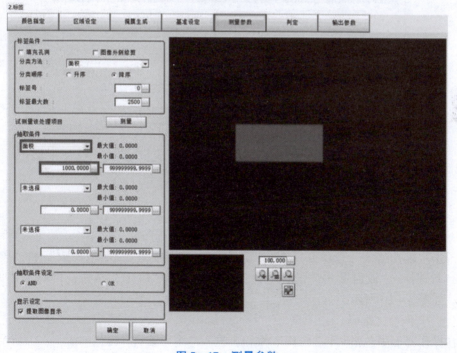

图 5 – 17   测量参数

（3）实例：串行数据输出。

在操作界面中单击"4.串行数据输出"按钮，进入串行数输出编辑界面，如图 5 – 18 所示。

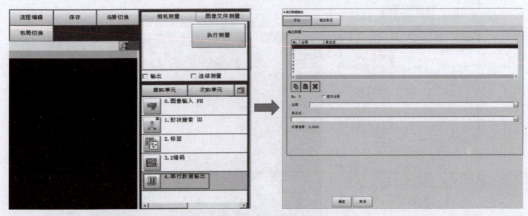

图 5 – 18   串行数据输出编辑界面

单击"设定"选项卡，选择一个输出编号，单击"表达式"框后面的扩展按钮，在弹出的对话框中单击"TJG"按钮，单击"确定"按钮，如图 5 – 19 所示。

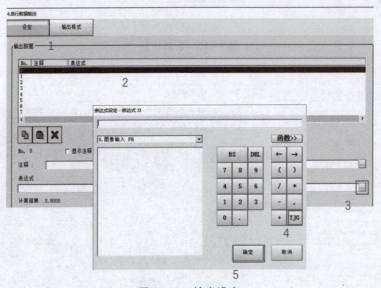

图 5 – 19   输出设定

单击"输出格式"选项卡，单击"以太网"单选按钮，"小数位数"和"整数位数"自行选择，"输出形式"设置为"SACII"，单击"确定"按钮，再单击"保存"按钮，如图 5 – 20 所示。

（4）实例：二维码。

在操作界面中单击"1.2 维码"按钮，进入二维码编辑界面，如图 5 – 21 所示。

单击"区域设定"选项卡，选择登录图形，拖拽右侧显示框，使二维码内容全部在显示框内，其余参数使用默认设置，先单击"适用"按钮，再单击"确定"按钮，如图 5 – 22 所示。

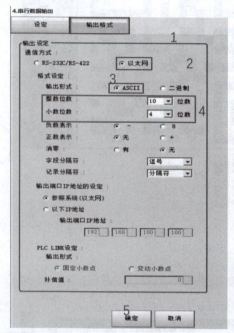
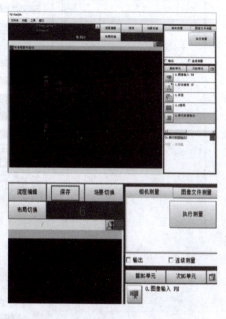

图 5 – 20　输出格式

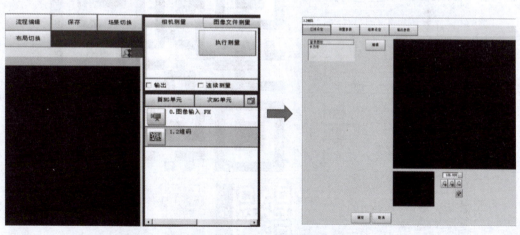

图 5 – 21　二维码编辑界面

　　单击"测量参数"选项卡，单击"示教"按钮，单击"测量"按钮，如图 5 – 23 所示。说明：右侧显示框中没有红色报警提示框说明二维码登记识别成功，如果出现红色报警提示框，则需返回上一步重新设定检测区域。

图 5 – 22　区域设定

图 5 – 23　测量参数

单击"输出参数"选项卡,勾选"字符输出"复选框,单击"以太网"单选按钮,勾选"指定输出范围"复选框,设置输出 4 个字符,单击"确认"按钮,如图 5 – 24所示。

图 5－24　输出参数

 任务实施与评价

1. 任务实施准备

1）安全生产所需的各种防护用品

工位、用电安全警告标志牌、安全帽、绝缘手套、急救包。

2）常用工具及设备

万用表、线扎带、内六角扳手套件、一字起子、十字起子、尖嘴钳、计算机、仿真虚拟软件、博途软件、欧姆龙机器视觉系统软件。

PLC 控制视觉
拍照并回传结果

PLC 控制视觉
拍照并回传
结果—实践

PLC 与检测
单元视觉控制
器通信设置

视觉检测
模板设置

视觉通信

机器人控制
视觉拍照并
回传结果介绍

机器人控制
视觉拍照并
回传结果实践

机器人与视觉
系统的通讯
设置

2. 实训资料准备

欧姆龙机器视觉系统应用作业表、欧姆龙机器视觉系统应用评价表。

3. 任务实施过程

欧姆龙机器视觉系统应用作业表如表5-4所示。

表5-4 欧姆龙机器视觉系统应用作业表

姓名		班级		学号		工位	
平台是否 正常上电		平台出现何种 异常状况		异常状况出现 在哪个单元		异常状况 是否消失	
序号	实训步骤及要点						
1	如下图所示，建立轮毂的红绿标签的形状搜索Ⅲ，输出测量的坐标与角度： 写出实训要点：						
2	按上图再建项目：红绿标签检测、二维码检测。 写出实训要点：						

120 ■ 智能制造系统集成

4. 任务评价

欧姆龙机器视觉系统应用评价表如表5-5所示。

表5-5 欧姆龙机器视觉系统应用评价表

<table>
<tr><td rowspan="3">基本信息</td><td>姓名</td><td colspan="2">学号</td><td colspan="2">班级</td><td colspan="2">工位</td><td></td></tr>
<tr><td>设备使用情况</td><td>无任何问题</td><td></td><td>有人为损坏</td><td></td><td></td><td>是否维护更新</td><td></td></tr>
<tr><td>规定时间</td><td></td><td>完成时间</td><td></td><td>考核日期</td><td></td><td>总评成绩</td><td></td></tr>
<tr><td rowspan="5">考核内容</td><td rowspan="2">序号</td><td rowspan="2">细分步骤</td><td colspan="2">完成情况</td><td></td><td rowspan="2">标准分</td><td></td><td rowspan="2">评分</td></tr>
<tr><td>完成</td><td>未完成</td><td></td><td></td></tr>
<tr><td>1</td><td>正确完成形状搜索Ⅲ</td><td></td><td></td><td></td><td>30</td><td></td><td></td></tr>
<tr><td>2</td><td>正确完成标签检测</td><td></td><td></td><td></td><td>20</td><td></td><td></td></tr>
<tr><td>3</td><td>正确完成二维码检测</td><td></td><td></td><td></td><td>30</td><td></td><td></td></tr>
<tr><td colspan="2">"7S"管理完成情况</td><td>整理、整顿、清扫、清洁、素养、安全、节约</td><td></td><td></td><td></td><td></td><td>10</td><td></td><td></td></tr>
<tr><td colspan="2">团队协作</td><td></td><td></td><td></td><td></td><td></td><td>10</td><td></td><td></td></tr>
<tr><td colspan="2">教师评语</td><td></td><td></td><td></td><td></td><td></td><td></td><td></td><td></td></tr>
</table>

任务5.2 欧姆龙FH-L550系统与工业机器人通信

任务描述

欧姆龙 FH - L550 系统①利用以太网方式连接传感器、控制器和外部设备进行通信。

学习目标

知识目标

（1）欧姆龙 FH - L550 系统通信设置方法。

（2）检测信息回传编程方法。

技能目标

（1）掌握欧姆龙 FH - L550 系统通信设置方法。

---

① 为了简便起见，将选用欧姆龙 FH - L550 型号控制器的机器视觉系统简称为"欧姆龙 FH - L550 系统"。

（2）掌握检测信息回传编程方法。

素质目标

（1）能与他人合作完成实训任务，培养团队合作精神。

（2）在进行实训操作的过程中，遵守实训室操作规范，培养"7S"工作态度。

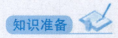

1. 欧姆龙 FH - L550 系统通信方式

1）并行通信

利用多个实际接点的 ON/OFF 信号组合，可在外部设备与传感器、控制器之间交换数据。

2）PLC Link

PLC Link 是欧姆龙图像传感器的通信协议。将保存控制信号、命令/响应、测量数据的区域分配到 PLC 的 I/O 存储器中，通过周期性地共享数据，实现 PLC 与图像传感器之间的数据交换。

3）EtherNet/IP

EtherNet/IP 是开放式通信协议。在与传感器、控制器通信时，使用标签数据链路。在 PLC 上创建与控制信号、命令/响应、测量数据对应的结构型变量，将其作为标签，在标签数据链路中进行输入/输出，实现 PLC 与传感器、控制器的数据交换。

4）EtherCAT（仅 FH）

EtherCAT 是开放式通信协议。在与传感器、控制器通信时，使用 PDO（过程数据）通信。事先准备与控制信号、命令/响应、测量数据对应的 I/O 端口，利用分配到这些 I/O 端口的变量，进行 PDO 通信的输入/输出，实现 PLC 与传感器、控制器的数据交换。

5）无协议通信

不使用特定的通信协议，向传感器、控制器发送命令帧，然后从传感器、控制器接收响应帧。通过收发 ASCII 格式或二进制格式的数据，在 PLC、PC 等外部设备与传感器、控制器之间实现数据交换。

欧姆龙 FH - L550 系统通过与 PLC 或工业机器人等外部设备连接，从外部设备输入测量命令，然后传感器、控制器对相机所拍摄的对象进行测量处理，最后向外部输出测量结果，如图 5 - 25 所示。

2. 欧姆龙 FH - L550 系统 IP 地址设定

按图 5 - 26 所示步骤操作，具体如下。

（1）将控制器与上位机通过网线进行连接。

（2）在操作界面单击"工具"菜单。

（3）打开"系统设置"界面。

（4）选择"启动设定"选项。

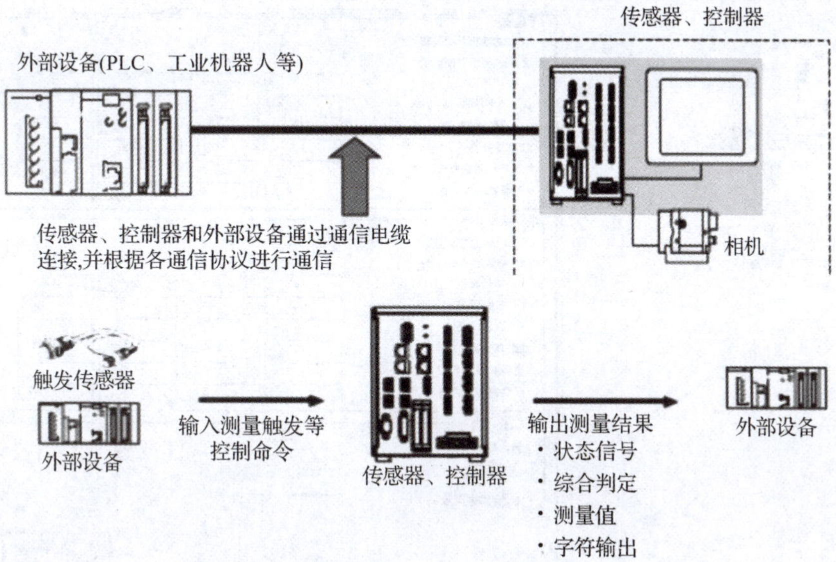

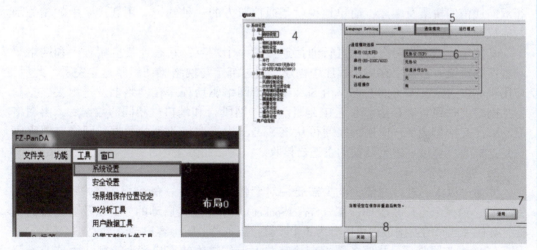

图 5 - 25　欧姆龙 FH - L550 系统通信工作流程

（5）选择"通信模块"选项卡。

（6）选择需要进行通信的通信模块。

（7）单击"适用"按钮。

（8）返回操作界面单击"保存"按钮，单击"确定"按钮（重复几次，确保已经保存设置参数）。在功能栏中选择"系统重启"命令，等待系统重启完成。

图 5 - 26　视觉系统 IP 设定

按图 5 - 27 所示步骤操作，重新打开"系统设置"界面，选择"以太网（无协议（TCP））"选项，进行 IP 地址和端口号设置。在"地址设定 2"区域输入传感器、控制器的 IP 地址。设置完成后单击"适用"按钮，关闭"系统设置"界面，返回操作界面后，必须进行保存系统参数操作。

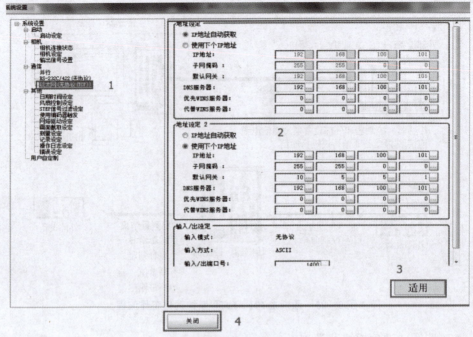

图 5 – 27 视觉设备 IP 设定

3. 欧姆龙 FH – L550 系统通信指令与回传结果

1）套接字（Socket）

套接字是支持 TCP/IP 网络通信的基本操作单元，可以看作不同主机之间的进程进行双向通信的桥梁及端点，简单地说就是通信双方的一种约定。用套接字中的相关函数完成通信过程。

套接字可以看作两个进程进行通信连接的一个端点，它是连接应用程序和网络驱动程序的桥梁。套接字在应用程序中创建，通过绑定与网络驱动程序建立关系。此后，应用程序发送给套接字的数据，由 Socket 交给网络驱动程序在网络上发送出去。控制器从网络上收到与该套接字绑定 IP 地址（同一网段）和端口号相同的数据后，由网络驱动程序交给套接字，应用程序便可从该 Socket 中提取接收到的数据，网络应用程序就是这样通过套接字进行数据的发送与接收。

2）通信指令

要通过以太网进行通信，至少需要一对套接字，其中一个运行在客户端（Client-Socket），另一个运行在服务器端（ServerSocket）。根据连接启动的方式以及要连接的目标，套接字之间的连接过程可以分为 3 个步骤：服务器监听、客户端请求、连接确认。

（1）服务器监听是指服务器端套接字并不定位具体的客户端套接字，而是处于等待连接的状态，实时监控网络状态。

（2）客户端请求是指客户端的套接字发出连接请求，要连接的目标是服务器端套接字。为此，客户端套接字必须首先描述它要连接的服务器端套接字，指出服务器端套接字的地址和端口号，然后向服务器端套接字提出连接请求。

（3）连接确认是指当服务器端套接字监听到或者接收到客户端套接字的连接请求时，它就响应客户端套接字的连接请求，建立一个新的线程，把服务器端套接字的信息发送给客户端套接字，一旦客户端套接字确认了此连接，连接即可建立，此后可以执行数据的收发动作。而服务器端套接字将继续处于监听状态，继续接收其他客户端套接字的连接请求。

在通信过程中，工业机器人作为客户端，需要向欧姆龙 FH – L550 系统（服务器端）发出请求指令。工业机器人和欧姆龙 FH – L550 系统为了顺利完成检测任务，需要用到表 5 – 6 所示通信指令。

表 5 – 6　通信指令

通信指令	功能
SocketCreate	创建新的套接字
SocketConnect	将工业机器人套接字与服务器端的控制器连接
SocketClose	当不再使用套接字连接时，使用该指令关闭套接字
SocketSend	发送通信内容（如字符串），使用已连接的套接字
SocketReceive	工业机器人接收来自控制器的数据

欧姆龙 FH – L550 系统控制指令有 3 种：选择场景组、选择场景和执行测量。控制器默认的通信代码如表 5 – 7 所示。

表 5 – 7　控制器默认的通信代码

命令格式	功能
SG a	切换所使用的场景组编号 a（num 型）
S b	切换所使用的场景编号 b（num 型）
M	执行一次测量

3）回传结果

形状及颜色回传 OK 如图 5 – 28 所示。

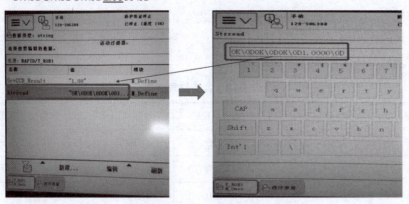

图 5 – 28　形状及颜色回传 OK

形状及颜色回传 NG 如图 5 – 29 所示。

形状及颜色 NG

OK\0DOK\0DOK\0D**0.00**00\0D

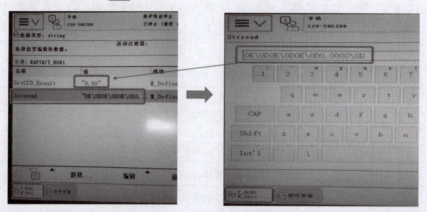

图 5 – 29　形状及颜色回传 NG

二维码识别 OK 如图 5 – 30 所示。

二维码识别 OK

OK\0DOK\0DOK\0D**0002**\0D\0D

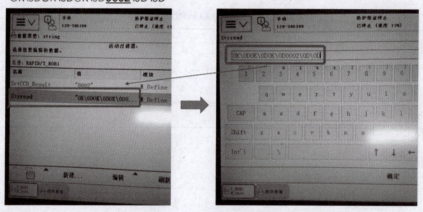

图 5 – 30　二维码识别 OK

回传结果（反馈数据）格式与指令格式互相对应，欧姆龙 FH – L550 系统回传至工业机器人的检测结果字符串如表 5 – 8 所示。测量结果的显示格式与视觉检测流程输出设置有关，具体操作可回顾任务 5.1。

表 5 – 8　回传结果字符

反馈数据对象	场景组切换完毕	场景切换完毕	测量成功	测量结果后缀	
"二维码" – 1	OK\0D	OK\0D	OK\0D	0001	\0D\0D
"标签颜色" – 绿	OK\0D	OK\0D	OK\0D	0009	\0D
"标签颜色" – 红	OK\0D	OK\0D	OK\0D	0005	\0D

对于回传结果字符串，可以利用 StrPart 函数从中截取能代表测量结果的字符作为最终检测结果。如图 5-31 所示，以二维码反馈数据的截取为例，其中 "\OD" 算作一个字符，图示为从第 12 个字符开始，向后截取 2 位字符，截取结果即 "01"。

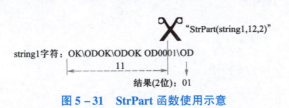

图 5-31　StrPart 函数使用示意

 任务实施与评价

1. 任务实施准备

1）安全生产所需的各种防护用品

工位、用电安全警告标志牌、安全帽、绝缘手套、急救包。

2）常用工具及设备

万用表、线扎带、内六角扳手套件、一字起子、十字起子、尖嘴钳、计算机、仿真虚拟软件、博途软件、欧姆龙 FH-L550 系统软件。

2. 实训资料准备

欧姆龙 FH-L550 系统与工业机器人通信作业表、欧姆龙 FH-L550 系统与工业机器人通信评价表。

3. 任务实施过程

欧姆龙 FH-L550 系统与工业机器人通信作业表如表 5-9 所示。

表 5-9　欧姆龙 FH-L550 系统与工业机器人通信作业表

姓名		班级		学号		工位	
平台是否 正常上电		平台出现何种 异常状况		异常状况出现 在哪个单元		异常状况 是否消失	
序号	实训步骤及要点						
1	（1）将检测单元拼入，完成硬件设备拼接以及线路连接。 （2）对检测单元进行配置，实现对轮毂的颜色、二维码的检测。 （3）对执行单元的工业机器人和检测单元的控制器进行设置，实现网络通信。 （4）通过工业机器人控制机器视觉系统拍照并将轮毂的颜色或二维码检测结果回传。 （5）实现总控单元的 PLC 和检测单元的控制器之间的网络通信。 （6）可通过 PLC 控制机器视觉系统拍照，实现对轮毂的颜色、二维码的检测，并将检测结果回传。 将工业机器人程序写在第 2 栏						

序号	实训步骤及要点
2	工业机器人的程序：

4. 任务评价

欧姆龙 FH – L550 系统与工业机器人通信评价表如表 5 – 10 所示。

表 5 – 10 欧姆龙 FH – L550 系统与工业机器人通信评价表

基本信息	姓名		学号		班级		工位	
	设备使用情况	无任何问题		有人为损坏			是否维护更新	
	规定时间		完成时间		考核日期		总评成绩	
考核内容	序号	细分步骤	完成情况		标准分		评分	
			完成	未完成				
	1	正确完成通信设置			20			
	2	正确完成二维码信息回传			30			
	3	正确完成标签信息回传			30			
"7S"管理完成情况	整理、整顿、清扫、清洁、素养、安全、节约				10			
	团队协作				10			
	教师评语							

附：强化拓展训练题

【任务1】

（1）在仓储单元中随机放入 4 个轮毂，正面朝上，按照轮毂所存放的仓位编号由小到大依次取出轮毂，通过机器视觉系统检测其背面二维码后放回原仓位。

（2）在已经明确各仓位编号的基础上，对仓储单元中随机放入的 4 个轮毂进行调整，要求轮毂背面二维码数值与其仓位编号一致。

【任务 2】

（1）在仓储单元中随机放入 5 个轮毂，反面朝上，按照轮毂所存放的仓位编号由小到大依次取出轮毂，通过机器视觉系统检测其正面二维码和视觉检测区域 1、2 后，放回原仓位。

（2）在已经明确各仓位中轮毂正面状态的基础上，对仓储单元中随机放入的 5 个轮毂进行排序。每个仓位只存放一个轮毂，优先条件如下。

①正面二维码数值小的轮毂放入编号小的仓位，正面二维码数值大的轮毂放入编号大的仓位。

②二维码数值相等时，比较视觉检测区域 1，绿色的放入编号小的仓位中，红色的放入编号大的仓位。

③若以上两种情况均相同，则比较视觉检测区域 2，红色的放入编号小的仓位，绿色的放入编号大的仓位。

项目六　打磨单元与分拣单元的集成调试与应用

 任务6.1 打磨单元的集成调试与应用

任务描述

打磨单元由定位模组、翻转模组和清理模组三大部分组成。工业机器人将加工好的工件放置在1号定位模组中定位，进行打磨加工处理，处理完成后由翻转模组翻转并放置在2号定位模组中定位，继续进行打磨加工处理，处理完成后，由工业机器人搬运至清理模组中进行碎屑清理。

（1）将打磨单元拼入，并完成接线。

（2）对总控单元的PLC_1进行配置，建立与打磨单元远程I/O模块的通信连接，并根据电路图纸建立信号表。

（3）对总控单元的PLC_1进行编程，实现翻转工装的功能（轮毂在打磨工位和旋转工位间的翻转）。

（4）对总控单元的PLC_1和执行单元的工业机器人进行编程，在仓储单元中放入1个轮毂（正面朝上），工业机器人由仓储单元拾取轮毂零件，放入打磨工位，对打磨加工区域1进行打磨，翻转后对打磨加工区域4进行打磨，并取出轮毂放回原仓位。

 学习目标

实现轮毂分拣　　实现轮毂
　　　　　　　　正反面打磨

知识目标

（1）翻转工装功能的程序编写及调试。

（2）轮毂正、反面打磨的程序编写及调试。

技能目标

（1）掌握翻转工装功能的程序编写及调试方法。

（2）掌握轮毂正、反面打磨的程序编写及调试方法。

素质目标

（1）能与他人合作完成实训任务，培养团队合作精神。

（2）在进行实训操作的过程中，遵守实训室操作规范，培养"7S"工作态度。

打磨单元的俯视图如图6-1所示。

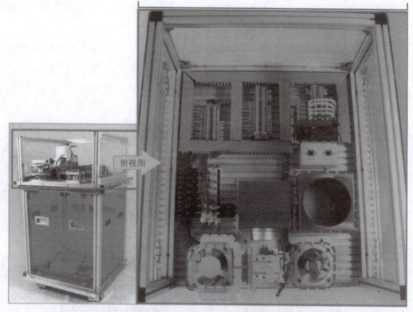

图6-1　打磨单元的俯视图

1. 翻转工装的硬件组成

打磨单元的翻转工装由升降气缸、翻转气缸和夹爪三部分组成,如图6-2所示。其中升降气缸用于改变夹爪的高度,翻转气缸可以实现夹爪的翻转动作,夹爪用于夹紧轮毂。

翻转气缸　　　　　　　　　　　升降气缸

夹爪　　　　　　升降气缸上、下限
　　　　　　　　位传感器指示灯

图6-2　翻转工装的硬件组成

2. 翻转工装的使用规则

翻转工装服务于两个工位——打磨工位和旋转工位，每个工位上都有用来固定轮毂的夹具，如图6-3所示。翻转工装可以将轮毂从打磨工位/旋转工位的一侧翻转到另一侧，并同时使轮毂的正、反面实现翻转。

翻转工装的使用需要遵循以下规则。

（1）为了避免取放轮毂及加工过程中工业机器人与打磨单元发生碰撞，当工业机器人位于打磨工位/旋转工位中的某一侧时，翻转工装夹爪必须位于另一侧。

（2）夹爪取放轮毂时，升降气缸需处于下限位；夹爪翻转时，升降气缸需处于上限位。

（3）由于升降气缸、翻转气缸均连接双控电磁阀，所以需要通过2个信号来控制气缸完成动作。例如，控制升降气缸上升时，需要复位升降气缸下降信号，并置位升降气缸上升信号。

（4）为了保证放置轮毂时不与工位产生干涉，根据轮毂和工位夹具的匹配情况，正面朝上的轮毂只能放置于打磨工位，反面朝上的轮毂只能放置于旋转工位。

图6-3 翻转工装所服务的工位

 任务实施与评价

1. 任务实施准备

1）安全生产所需的各种防护用品

工位、用电安全警告标志牌、安全帽、绝缘手套、急救包。

2）常用工具及设备

万用表、线扎带、内六角扳手套件、一字起子、十字起子、尖嘴钳、计算机、仿真虚拟软件、博途软件。

2. 实训资料准备

打磨单元的集成调试与应用作业表、打磨单元的集成调试与应用评价表。

3. 任务实施过程

打磨单元的集成调试与应用作业表如表6-1所示。

学习笔记

表 6-1　打磨单元的集成调试与应用作业表

<table>
<tr><td>姓名</td><td></td><td>班级</td><td></td><td>学号</td><td></td><td>工位</td><td></td></tr>
<tr><td>平台是否
正常上电</td><td></td><td>平台出现何种
异常状况</td><td></td><td>异常状况出现
在哪个单元</td><td></td><td>异常状况
是否消失</td><td></td></tr>
<tr><td>序号</td><td colspan="7">实训步骤及要点</td></tr>
<tr><td>1</td><td colspan="7">写出打磨单元的 PLC 程序：</td></tr>
<tr><td>2</td><td colspan="7">写出工业机器人程序：</td></tr>
</table>

4. 任务评价

打磨单元的集成调试与应用评价表如表 6-2 所示。

表6-2 打磨单元的集成调试与应用评价表

基本信息	姓名		学号		班级		工位	
	设备使用情况	无任何问题		有人为损坏			是否维护更新	
	规定时间		完成时间		考核日期		总评成绩	
考核内容	序号	细分步骤		完成情况			标准分	评分
				完成	未完成			
	1	正确完成打磨单元的远程I/O模块适配					20	
	2	正确完成PLC编程					30	
	3	正确完成工业机器人编程					30	
"7S"管理完成情况	整理、整顿、清扫、清洁、素养、安全、节约						10	
	团队协作						10	
	教师评语							

 任务6.2 分拣单元的集成调试与应用

 任务描述

　　分拣单元由皮带传动模组、龙门分拣模组和成品分拣仓组成，采用变频技术启动皮带电动机运行，根据现场的要求自动对成品进行分拣处理。工业机器人搬运成品并放置在皮带传送起始位，接着工业机器人回到安全区域，皮带起始位产品检测传感器检测到轮毂时，则皮带启动运行，同时龙门分拣模组根据上级反馈的结果，在对应的成品分拣工位置进行截停，将成品送至成品仓。

　　（1）将分拣单元拼入，并完成接线。

　　（2）对总控单元的PLC_1进行配置，建立与分拣单元远程I/O模块的通信连接，并根据电路图纸建立信号表。

　　（3）对总控单元的PLC_1进行编程，实现分拣单元的功能。

　　（4）在仓储单元中随机放入1个轮毂，方向不定，工业机器人利用吸盘工具确定轮毂方向后，利用打磨单元对轮毂进行翻转，利用检测单元检测轮毂正、反面二维码数值，将2个数值相加后对3取余数，将轮毂分拣到此余数对应的分拣道口。

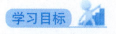

学习目标

知识目标

（1）分拣功能的程序编写及调试。

（2）轮毂正、反面二维码数值取余分拣的程序编写及调试。

技能目标

（1）掌握分拣功能的程序编写及调试方法。

（2）掌握轮毂正、反面二维码数值取余分拣的程序编写及调试方法。

素质目标

（1）能与他人合作完成实训任务，培养团队合作精神。

（2）在进行实训操作的过程中，遵守实训室操作规范，培养"7S"工作态度。

知识准备

分拣单元由皮带起始位产品检测传感器、分拣道口传送到位检测传感器、升降气缸、推出气缸、定位气缸、分拣工位有料检测传感器、3 个分拣工位组成，如图 6 - 4 所示。当皮带起始位产品检测传感器检测到轮毂时，皮带电动机启动，运送轮毂。分拣单元根据程序要求将对应分拣道口的升降气缸降下，拦截皮带上的轮毂。当对应分拣道口传送到位检测传感器检测到轮毂时，皮带停止，通过推出气缸将轮毂推入分拣工位。推出气缸推出到极限位置后，升降气缸升起，推出气缸缩回，定位气缸推出，将轮毂送入分拣工位，分拣工位有料检测传感器能检测到轮毂。

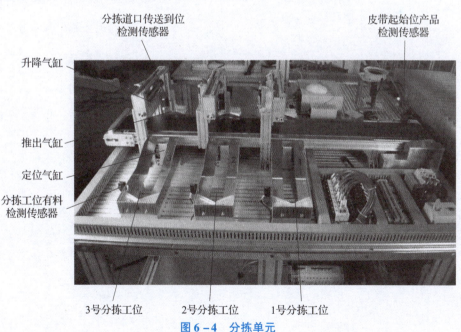

图 6 - 4　分拣单元

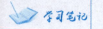
 **任务实施与评价**

1. 任务实施准备

1）安全生产所需的各种防护用品

工位、用电安全警告标志牌、安全帽、绝缘手套、急救包。

2）常用工具及设备

万用表、线扎带、内六角扳手套件、一字起子、十字起子、尖嘴钳、计算机、仿真虚拟软件、博途软件。

2. 实训资料准备

分拣单元的集成调试与应用作业表、分拣单元的集成调试与应用评价表。

3. 任务实施过程

分拣单元的集成调试与应用作业表如表 6-3 所示。

表 6-3　分拣单元的集成调试与应用作业表

姓名		班级		学号		工位	
平台是否正常上电		平台出现何种异常状况		异常状况出现在哪个单元		异常状况是否消失	
序号	实训步骤及要点						
1	写出分拣单元的 PLC 程序：						

序号	实训步骤及要点
2	写出工业机器人程序：

4. 任务评价

分拣单元的集成调试与应用评价表如表6-4所示。

表6-4　分拣单元的集成调试与应用评价表

基本信息	姓名		学号		班级		工位	
	设备使用情况	无任何问题		有人为损坏			是否维护更新	
	规定时间		完成时间		考核日期		总评成绩	

考核内容	序号	细分步骤	完成情况		标准分	评分
			完成	未完成		
	1	正确完成分拣单元的远程 I/O 模块适配			20	
	2	正确完成 PLC 编程			30	
	3	正确完成工业机器人编程			30	
"7S" 管理完成情况	整理、整顿、清扫、清洁、素养、安全、节约				10	
	团队协作				10	
	教师评语					

项目七　智能制造系统的综合集成调试与应用

 任务描述

　　各中等职业学校、高等职业院校是"1＋X"证书制度试点的实施主体。中等职业学校、高等职业院校可结合初级、中级、高级职业技能等级开展培训评价工作；本科层次职业教育试点院校、应用型本科高校及国家开放大学可根据专业实际情况选择。本科层次职业教育试点院校要根据职业技能等级标准和专业教学标准要求，将证书培训内容有机融入专业人才培养方案，优化课程设置和教学内容，统筹教学组织与实

实现轮毂出仓
打磨分拣入库
全流程

施，深化教学方式方法改革，提高人才培养的灵活性、适应性、针对性。本科层次职业教育试点院校可以通过培训、评价使学生获得职业技能等级证书，也可探索将相关专业课程考试与职业技能等级考核统筹安排，同步考试（评价），获得学历证书相应学分和职业技能等级证书；深化校企合作，坚持工学结合，充分利用院校和企业场所、资源，与评价组织协同实施教学、培训，加强对有关领域校企合作项目与试点工作的统筹。

　　本项目训练"1＋X"证书中"工业机器人集成应用职业技能等级证书"的初、中级考试内容。

学习目标

知识目标

（1）"1＋X"证书中"工业机器人集成应用职业技能等级证书"的初级考核知识。

（2）"1＋X"证书中"工业机器人集成应用职业技能等级证书"的中级考核知识。

技能目标

掌握"1＋X"证书中"工业机器人集成应用职业技能等级证书"的初、中级考核知识。

素质目标

（1）能与他人合作完成实训任务，培养团队合作精神。

（2）在进行实训操作的过程中，遵守实训室操作规范，培养"7S"工作态度。

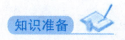
1. "1＋X"证书中"工业机器人集成应用职业技能等级证书"的初级考核模拟试题

本考核需要完成一个工业机器人系统集成项目，以智能制造技术为基础，结合工业机器人、PLC、远程I/O模块等设备，实现柔性化生产，针对集成系统安装、程序开发及调试等工作领域的职业技能进行考核。

上机考核相关技术文件和现场考核相关技术文件均存储在计算机桌面"技能考核"文件夹中。

1）考核模块一：集成系统安装（20分）

（1）机械安装（6分）。

工业机器人法兰端机械接口如图2-12所示，参照图纸选用适当工具将末端工具的快换接头安装至工业机器人法兰处，如图2-13所示。

（2）气路安装（14分）。

末端工具快速控制电磁阀端到工业机器人本体底座处的气路已经完成连接，现需根据图2-14完成快换接头主端口处到工业机器人上臂处气路的连接，从而实现调节对应气路电磁阀上的手动调试按钮时，快换接头主端口与末端工具可以正常锁定和释放，夹爪工具可以正常完成开合等功能。完成气路连接后，启动工业机器人系统，将气路压力调整到0.4~0.6 MPa，打开过滤器末端开关，测试气路连接的正确性。

完成气路连接后，绑扎气管并对气路合理布置。绑扎带需进行适当切割、不能留余太长，留余长度必须小于1 mm。要求气路捆扎美观安全，不影响工业机器人正常动作，且不会与周边设备发生刮擦勾连。整理气管，将台面上的气管整齐地放入线槽，并盖上线槽盖板。

2）考核模块二：系统编程调试（80分）

（1）工业机器人参数设置与手动操作（10分）。

将工业机器人程序的运行模式调整为单周运行模式。将工业机器人示教器中操纵杆速率调为60%，工业机器人程序运行速率调节为35%。配置示教器操作系统，在图7-1所示状态栏中同时显示控制器和工业机器人系统的名称。

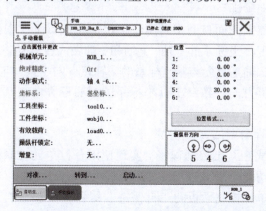

图7-1 示教器界面显示实例（每台工业机器人系统名称不同）

（2）I/O信号配置（10分）。

工业机器人已配备标准I/O板DSQC 652及扩展I/O板DN_Generic，现需要在工作站的工业机器人系统中配置表7-1所示I/O信号，以实现与外部设备交互的功能。

注意：工业机器人与外部设备的通信硬件接线以及外部设备的通信设置及编程已经完成。

表7-1　工作站的工业机器人I/O信号

硬件设备	地址	名称	功能描述	对应设备
			工业机器人输出信号	
标准I/O板 DSQC652	0	ToTDigQuickChange	控制快换装置信号［值为1时，快换接头为卸载状态（钢珠缩回）；值为0时，快换接头为装载状态（钢珠弹出）］	快换接头
	2	ToTDigGrip	切换夹爪工具闭合、张开状态的信号（值为0时，夹爪工具闭合；值为1时，夹爪工具张开）	夹爪工具
			工业机器人输入信号	
扩展I/O板 DN_Generic	0	FrPDigArrive4	仓位到位信号。值为0时，表示仓储单元4号仓位推出未到位；值为1时，表示仓储单元4号仓位推出已到位	总控单元PLC_1远程I/O模块No.5 FR2108
	1	FrPDigArrive6	仓位到位信号。值为0时，表示仓储单元6号仓位推出未到位；值为1时，表示仓储单元6号仓位推出已到位	

（3）工业机器人标定验证及校对调试（15分）。

①工具坐标系创建。

针对表2-9第1栏中的工业机器人侧面打磨工具，创建一个工具坐标系，命名为"DAMO_A"，将表2-9第1栏中的相关参数输入"DAMO_A"坐标系。

②工具坐标系方向验证。

手动安装工业机器人侧面打磨工具至快换接头主端口上，根据考评员的要求操纵工业机器人分别沿着工具坐标系的x轴、y轴和z轴做线性运动，验证工具坐标系的方向，即工具坐标系的x轴正方向与基坐标系的x轴正方向一致，工具坐标系的y轴正方向与基坐标系的y轴负方向一致，工具坐标系的z轴正方向与基坐标系的z轴负方向一致。

（4）周边设备编程与调试（15分）。

编写、下载并调试PLC_1控制程序，实现使用总控单元控制面板的按钮控制仓储单元不同仓位推出的功能。

要求：按下总控单元控制面板的"自保持"绿色按钮和"自保持"红色按钮，分别控制仓储单元4号仓位和仓储单元6号仓位的推出和缩回。总控单元控制面板按钮如表 4-5 第 3 栏中图所示。

编写 PLC_1 程序，实现以下功能。按下控制面板的按钮后，按钮常亮，再按一次按钮熄灭。"自保持"绿色按钮亮起时，仓储单元 4 号仓位气缸推出，推出到位后，PLC_1 输出反馈信号给工业机器人，即工业机器人数字输入信号（FrPDigArrive4）变为"1"；"自保持"红色按钮亮起时，仓储单元 6 号仓位气缸推出，推出到位后，PLC_1 输出反馈信号给工业机器人，即工业机器人数字输入信号（FrPDigArrive6）变为"1"。编程所涉及的 PLC_1 的 I/O 信号如表 7-2 所示。

完成 PLC_1 的程序开发后，将其下载至设备中，进行联合调试并利用 PC 监控 PLC 程序状态以验证 PLC 程序的正确性。

注意：工作站通信硬件接线以及设备组态等已经完成，工程文件位于计算机桌面"技能考核"文件夹中，周边设备编程调试需基于已有工程文件完成。

表 7-2　编程所涉及的 PLC_1 的 I/O 信号

硬件设备	名称及功能	对应设备
PLC_1	I0.2："自保持"绿色按钮	按钮
	I0.4："自保持"红色按钮	按钮
	Q0.1：绿色按钮指示灯	指示灯
	Q0.3：红色按钮指示灯	指示灯
	Q6.3：仓储单元 4 号仓位推出	气缸
	Q6.5：仓储单元 6 号仓位推出	气缸
	Q16.0：反馈给工业机器人 4 号仓位推出到位	扩展 I/O 板 DN_Generic
	Q16.1：反馈给工业机器人 6 号仓位推出到位	扩展 I/O 板 DN_Generic
	I5.3：4 号仓位气缸推出到位信号	传感器
	I5.5：6 号仓位气缸推出到位信号	传感器

（5）工业机器人编程调试（30 分）。

工业机器人导轨初始位置处于能够满足仓储单元和工具单元作业的位置。通过示教编程的方法，实现以下功能。

随机按下控制面板的按钮，对应仓储单元的 4 号仓位或 6 号仓位气缸推出，工业机器人检测到对应仓位推出到位信号后，拾取对应仓位上的轮毂，返回 Home 点［各关节轴数据为（0，0，0，0，90，0）］，保持安全姿态 2 s 后，将轮毂放回原位（已知在初始状态下，4 号仓位和 6 号仓位均有轮毂且正面朝上放置，工业机器人夹爪工具可手动安装）。

示教编写工业机器人程序 MGetHub4，使工业机器人可以由 Home 点出发，自动完成 4 号仓位的轮毂拾取，最后返回 Home 点。

示教编写工业机器人程序 MPutHub4，使工业机器人可以由 Home 点出发，自动完成 4 号仓位的轮毂释放，最后返回 Home 点。

示教编写工业机器人程序 MGetHub6，使工业机器人可以由 Home 点出发，自动完成 6 号仓位的轮毂拾取，最后返回 Home 点。

示教编写工业机器人程序 MPutHub6，使工业机器人可以由 Home 点出发，自动完成 6 号仓位的轮毂释放，最后返回 Home 点。

确认在手动模式下程序运行无误后，在主程序 main 中加入判断条件，根据不同判断条件完成不同轮毂的拾取和释放。在自动模式下调试运行程序，实现轮毂的取放流程。

要求：考评员随机按下并点亮"自保持"绿色按钮或"自保持"红色按钮（请勿同时点亮两个按钮），工业机器人执行不同仓位轮毂的拾取和释放，工业机器人在整个运行过程中与设备不发生干涉碰撞。

2. "1 + X"证书中"工业机器人集成应用职业技能等级证书"的中级考核试题

本考核需要完成一个工业机器人系统集成项目，以智能制造技术为基础，结合工业机器人、PLC、远程 I/O 模块等设备，实现柔性化生产，针对集成系统安装、程序开发及调试等工作领域的职业技能进行考核。

上机考核相关技术文件和现场考核相关技术文件均存储在计算机桌面"技能考核"文件夹中。

1）考核模块一：集成系统安装（20 分）

（1）机械安装。

根据图 7 - 2 所示轮辐夹爪安装示意，选用适当工具进行安装。

图 7 - 2　轮辐夹爪安装示意

（2）气路安装。

①轮辐夹爪气路连接。

根据轮辐夹爪气路图纸（图 7 - 3）完成轮辐夹爪气路连接。

②工业机器人气路连接。

末端工具快速控制电磁阀端到工业机器人本体底座处的气路已经完成连接，现需根据图 2 - 14 完成快换接头主端口到工业机器人上臂处气路的连接，从而实现调节对应气路电磁阀上的手动调试按钮时，快换接头主端口与末端工具可以正常锁定和释放，轮辐夹爪可以正常完成开合、吸盘夹爪可以正常吸收和释放。将气路压力调整到0.4～0.6 MPa，打开过滤器末端开关，测试气路连接的正确性。

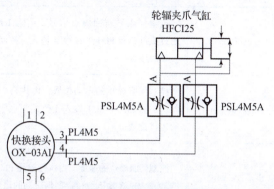

图7-3　轮辐夹爪气路图纸

2）考核模块二：系统编程调试（80分）

（1）工业机器人参数设置与手动操作（5分）。

①将工业机器人程序的运行模式调整为单周运行模式。

②将工业机器人示教器中操纵杆速率调节为60%。

③将工业机器人程序运行速率调节为35%。

④在程序数据中，创建数据类型为"jointtarge"，名称为"Home"的工作原点，要求其各轴数据为（0，-30，30，0，90，0）。

（2）I/O信号配置（12分）。

工业机器人通过I/O信号实现与周边设备的交互。根据表7-3，完成工业机器人I/O信号的配置。

注意：伺服轴程序已在执行单元PLC_3中编写好。工业机器人与外部设备的通信硬件接线以及外部设备的通信设置及编程已经完成。扩展I/O板DN_Generic的地址为11。

表7-3　工业机器人的I/O信号

硬件设备	地址	名称	功能描述	对应设备
DSQC652	10	d652	DSQC652挂载到DeviceNet网络下	标准I/O板
FR8030远程I/O模块	11	DN_Generic	工业机器人的扩展远程I/O模块	华太远程I/O模块
工业机器人输出信号				
标准I/O板DSQC652	0	ToTDigQuickChange	控制快换接头信号［值为1时，快换接头为卸载状态（钢珠缩回）；值为0时，快换接头为装载状态（钢珠弹出）］	快换接头
	2	ToTDigGrip	切换轮辐夹爪抓取、松开状态的信号（值为0时，轮辐夹爪松开；值为1时，轮辐夹爪抓取）	轮辐夹爪
	3	ToRDigPolish	值为1时，打磨；值为0时，停止打磨	端面打磨工具

续表

			工业机器人输出信号	
扩展 I/O 板 DN_Generic	12	ServoHome	控制伺服导轨回原点信号。值为 1 时，通过执行单元 PLC_3 的 I9.4 输入点控制伺服轴回原点	执行单元 PLC_3 的 SM1221 数字输入扩展模块
	0～9	ServoPosition	控制伺服导轨的运动位置，由执行单元 PLC_3 的 I8.0～I9.1 输入点位控制伺服轴的运行位置	执行单元 PLC_3 的 SM1221 数字输入扩展模块
	10～11	ServoVelocity	控制伺服导轨的速度，由执行单元 PLC_3 的 I9.2～I9.3 输入点位控制伺服轴的速度	执行单元 PLC_3 的 SM1221 数字输入扩展模块
	24～31	ToPGroData	当工业机器人发送 26 时为请求打磨；当工业机器人发送 21 时为请求从打磨位取轮毂	执行单元远程 I/O 模块 FR1108（I19.0～Q19.7）
	17～19	ToPGroStorageOut	当值为 1 时，由 I18.1～I18.3 的常开或常闭触点的逻辑组合推出 1 号仓位；其他仓位同理。	执行单元远程 I/O 模块 FR1108（I18.1～Q18.3）
			工业机器人输入信号	
扩展 I/O 板卡 DN_Generic	15	ServoArrive	伺服导轨到位信号	滑台到位
	0～7	FrPGroDate	当工业机器人接收数值为 1～6 时，分别表示 1 号~6 号仓位推出；当接收数值为 26 时，表示允许打磨；当接收数值为 21 时，表示允许从打磨工位取轮毂。	执行单元远程 I/O 模块 FR2108（Q16.0～Q16.7）
	8	Storage1Hub	1 号仓位有轮毂	执行单元远程 I/O 模块 FR2108（Q17.0）
	9	Storage2Hub	2 号仓位有轮毂	执行单元远程 I/O 模块 FR2108（Q17.1）
	10	Storage3Hub	3 号仓位有轮毂	执行单元远程 I/O 模块 FR2108（Q17.2）
	11	Storage4Hub	4 号仓位有轮毂	执行单元远程 I/O 模块 FR2108（Q17.3）

144 ■ 智能制造系统集成

工业机器人输出信号				
扩展 I/O 板卡 DN_Generic	12	Storage5 Hub	5 号仓位有轮毂	执行单元远程 I/O 模块 FR2108（Q17.4）
	13	Storage6 Hub	6 号仓位有轮毂	执行单元远程 I/O 模块 FR2108（Q17.5）

（3）设置可编程按钮（3分）。

为了方便对信号置位与复位，依据表7－4将各末端工具信号与示教器快捷按钮进行关联。

表7－4　各末端工具信号与示教器快捷按钮的关联

信号	功能	关联快捷按钮	按钮模式
ToTDigQuickChange	快换接头动作	快捷按钮1	切换
ToTDigGrip	轮辐夹爪动作	快捷按钮3	按下/松开
ToRDigPolish	端面打磨工具动作	快捷按钮4	按下/松开

（4）系统综合编程调试 I（30分）。

注意：在仓储单元中放置的轮毂都是正面朝上，在仓位中取轮毂使用轮辐夹爪。请注意先编写自动取放工具程序 PGetTool 和 PPutTool。

编写、下载并调试 PLC 程序，实现使用总控单元控制面板的按钮控制仓储单元不同仓位推出的功能。（计算机桌面"技能考核"文件夹中提供 PLC 程序初始文件）。

编写 PLC_1 程序，编程所涉及的 PLC 变量说明如表7－5所示。要求如下。

①对总控单元的 PLC_1 进行编程，实现立体仓库的功能（每个仓位的传感器可以感知当前是否有轮毂存放在仓位中；仓位指示灯根据仓位内轮毂存储状态点亮，当仓位内没有存放轮毂时亮红灯，当仓位内存放有轮毂时亮绿灯）。

②对总控单元的 PLC_1 进行编程，按下"自复位"绿色按钮后，实现立体仓库的自检功能（所有仓位按照仓位编号由小到大推出后，所有仓位按照仓位编号由大到小依次缩回）。按下"自复位"红色按钮后，可进行复位自检。

③完成复位自检后，可由 PLC_1 与 PLC_2 通信，发送复位自检完成信号，以使三色灯绿色长亮。复位自检未完成时，红色灯长亮。

④完成复位自检功能后，编写工业机器人的三个程序：仓位编号判断程序 FA-Judge、取轮毂程序 PGetHub、放轮毂程序 PPutHub。编写 PLC 程序"仓储A1/A2"，实现以下功能：考评员随机拿走任意两个仓位中的轮毂后，按下"自保持"绿色按钮，完成如下 A1 与 A2 流程。

A1 流程要求如下。

a. 工业机器人由仓储单元将轮毂取出。

b. 优先取出所在仓位编号较大的轮毂。

c. 若此轮毂已被取出过，则跳过此仓位。

A2 流程要求如下。

a. 工业机器人将所持轮毂放回仓储单元。

b. 放入的仓位编号为该轮毂取出的仓位编号。

⑤完成 PLC_1 程序的开发后，将其下载至设备中，进行联合调试并利用 PC 监控 PLC 程序状态以验证 PLC 程序的正确性。

表 7 – 5　PLC 变量说明

硬件设备	名称及功能		对应设备
PLC_1	I0.2："自保持"绿色按钮		按钮
	I0.4："自保持"红色按钮		按钮
	Q0.1：绿色按钮指示灯		指示灯
	Q0.3：红色按钮指示灯		指示灯
	QB16：反馈给工业机器人 ×× 号仓位推出到位		执行单元远程 I/O 模块
PLC_1	Q4.0	1 号仓位—红	仓储单元远程 I/O 模块
	Q4.1	1 号仓位—绿	
	Q4.2	2 号仓位—红	
	Q4.3	2 号仓位—绿	
	Q4.4	3 号仓位—红	
	Q4.5	3 号仓位—绿	
	Q5.0	4 号仓位—红	
	Q5.1	4 号仓位—绿	
	Q5.2	5 号仓位—红	
	Q5.3	5 号仓位—绿	
	Q5.4	6 号仓位—红	
	Q5.5	6 号仓位—绿	
	Q6.0	1 号仓位推出气缸	
	Q6.1	2 号仓位推出气缸	
	Q6.2	3 号仓位推出气缸	
	Q6.3	4 号仓位推出气缸	
	Q6.4	5 号仓位推出气缸	

学习笔记

硬件设备	名称及功能		对应设备
PLC_1	Q6.5	6 号仓位推出气缸	仓储单元远程 I/O 模块
	I4.0	1 号仓位产品检测	
	I4.1	2 号仓位产品检测	
	I4.2	3 号仓位产品检测	
	I4.3	4 号仓位产品检测	
	I4.4	5 号仓位产品检测	
	I4.5	6 号仓位产品检测	
	I5.0	1 号仓位推出检测	
	I5.1	2 号仓位推出检测	
	I5.2	3 号仓位推出检测	
	I5.3	4 号仓位推出检测	
	I5.4	5 号仓位推出检测	
	I5.5	6 号仓位推出检测	
PLC_2	Q0.0	三色灯黄灯	PLC_2 板载数字量输出
	Q0.1	三色灯蜂鸣	
	Q0.2	三色灯绿	
	Q0.3	三色灯红	

（5）系统综合编程调试Ⅱ（30 分）。

注意：导轨的移动可通过组信号控制。组信号 ServoPosition 的输入范围为 0 ~ 760 mm，组信号 ServoVelocity 的输入范围为 0 ~ 3（0 表示移动速度是 0 mm/s，1 表示移动速度是 15 mm/s，2 表示移动速度是 25 mm/s，3 表示移动速度是 40 mm/s）。工业机器人导轨初始位置为能够满足仓储单元和工具单元作业的位置。通过示教编程的方法，实现以下功能。

控制面板的"自保持"红色按钮亮起时，仓储单元 6 号仓位气缸推出。

①示教编写工业机器人程序 MGetHub6，使工业机器人可以从 Home 点出发，自动完成 6 号仓位的轮毂拾取，最后返回 Home 点。

②示教编写工业机器人程序 MPutHub6，使工业机器人可以将轮毂放置在打磨工位。

③对总控单元的 PLC_1 进行编程，使工业机器人将轮毂放置在打磨工位夹紧。打磨单元如图 7 - 4 所示。打磨单元 I/O 信号如表 7 - 6 所示。

图 7-4 打磨单元

表 7-6 打磨单元 I/O 信号

硬件设备	名称及功能		对应设备
PLC_1	I20.0	打磨工位产品检测	打磨单元远程 I/O 模块
	I20.2	打磨工位夹具松开	
	I20.3	打磨工位夹具夹紧	
	I21.0	翻转工装翻转至旋转工位一侧	
	I21.1	翻转工装翻转至打磨工位一侧	
	Q20.0	打磨工位夹具气缸	
	Q20.1	翻转工装翻转至旋转工位一侧	
	Q20.2	翻转工装翻转至打磨工位一侧	
	Q20.5	翻转工装夹具气缸	

④编写工业机器人更换端面打磨工具程序 PGetDMTool。端面打磨工具如图 7-5 所示。

⑤编写工业机器人打磨程序 DM，用于在打磨工位打磨轮毂指定区域。打磨指定区如图 7-6 所示。

图 7-5 端面打磨工具

图 7-6 打磨指定区

⑥打磨完成后，编写工业机器人放回轮毂程序 PPutlungu，用于将打磨完成的轮毂放置在分拣工位。

⑦编写分拣程序，实现如下功能。当皮带起始位产品检测传感器检测至轮毂时，启动皮带运行。当分拣道口传送到位检测传感器检测到轮毂时，升降气缸下降，阻挡轮毂继续运行，同时停止皮带。推出气缸将轮毂推送至分拣道口，然后定位气缸将轮毂推送至分拣道口末端。当分拣工位有料检测传感器检测到轮毂后，定位气缸缩回，然后推出气缸缩回，最后升降气缸上升。当皮带运动 60 秒后，自动停止。分拣单元I/O 信号如表 7 - 7 所示。分拣单元如图 7 - 7 所示。

表 7 - 7　分拣单元 I/O 信号

硬件设备	名称及功能		对应设备
PLC_1	I10.0	传送起始产品检测	分拣单元远程 I/O 模块
	I10.1	1 号分拣皮带到位检测	
	I10.2	2 号分拣皮带到位检测	
	I10.3	3 号分拣皮带到位检测	
	I10.4	1 号分拣道口产品检测	
	I10.5	2 号分拣道口产品检测	
	I10.6	3 号分拣道口产品检测	
	I10.7	1 号分拣机构推出动作	
	I11.0	1 号分拣机构升降到位	
	I11.1	2 号分拣机构推出到位	
	I11.2	2 号分拣机构升降到位	
	I11.3	3 号分拣机构推出到位	
	I11.4	3 号分拣机构升降到位	
	I11.5	1 号分拣道口定位到位	
	I11.6	2 号分拣道口定位到位	
	I11.7	3 号分拣道口定位到位	
	I12.0	变频器故障	
	Q10.0	1 号分拣机构推出气缸	
	Q10.1	1 号分拣机构升降气缸	
	Q10.2	2 号分拣机构推出气缸	
	Q10.3	2 号分拣机构升降气缸	
	Q10.4	3 号分拣机构推出气缸	

续表

硬件设备	名称及功能		对应设备
PLC_1	Q10.5	3 号分拣机构升降气缸	分拣单元远程 I/O 模块
	Q10.6	1 号分拣道口定位气缸	
	Q10.7	2 号分拣道口定位气缸	
	Q11.0	3 号分拣道口定位气缸	
	Q11.1	皮带驱动电动机启动	

图 7-7　分拣单元

 任务实施与评价

1. 任务实施准备

1）安全生产所需的各种防护用品

工位、用电安全警告标志牌、安全帽、绝缘手套、急救包。

2）常用工具及设备

万用表、线扎带、内六角扳手套件、一字起子、十字起子、尖嘴钳、计算机、仿真虚拟软件、博途软件。

2. 实训资料准备

"1+X"证书中"工业机器人集成应用职业技能等级证书"的初级及中级考核试题评分表。

3. 任务实施过程。

"1+X"证书中"工业机器人集成应用职业技能等级证书"的初级考核试题评分表如表 7-8 所示，中级考核试题评分表如表 7-9 所示。

表7-8 "1+X"证书中"工业机器人集成应用职业技能等级证书"的初级考核试题评分表

序号	评分内容	分值	得分
	考核模块一：集成系统安装	20	
1	将定位销安装在 IRB120 工业机器人法兰盘中对应的销孔中	2	
	对准快换接头主端口上的销孔和定位销，对齐螺纹安装孔，使用4颗紧固螺钉紧固快换接头主端口至工业机器人法兰盘上	2	
	锁紧快换接头主端口紧固螺钉，将快换接头主端口稳固地安装于工业机器人法兰处，无倾斜、无松动	2	
2	使用气管正确连接工业机器人四轴上表面处的1号气管接口与末端工具快换接头主端口上的 C 气管接口，接口处连接无松动、漏气现象	1.5	
	使用气管正确连接工业机器人四轴上表面处的2号气管接口与末端工具快换接头主端口上的 U 气管接口，接口处连接无松动、漏气现象	1.5	
	使用气管正确连接工业机器人四轴上表面处的3号气管接口与末端工具快换接头主端口上的3号气管接口，接口处连接无松动、漏气现象	1.5	
	使用气管正确连接工业机器人四轴上表面处的4号气管接口与末端工具快换接头主端口上的4号气管接口，接口处连接无松动、漏气现象	1.5	
	正确启动工业机器人系统	1	
	使调压过滤器旁边的手滑阀处于打开状态	1	
	将气路压力调整到 0.4~0.6 Mpa	1	
	使工业机器人快换接头主端口锁紧钢珠可以正常弹出和缩回	1	
	使夹爪工具可以正常开合	1	
	合理绑扎气管，使气管不会与工业机器人及其他设备干涉	1	
	要求每根绑扎带的剩余长度不大于 1 mm，超过半数绑扎带不符合要求不得分	1	
	整理末端工具快换接头气路气管并整齐地放入线槽，盖上线槽盖板	1	
	考核模块二：系统编程调试	80	
1	查看工业机器人程序的运行模式为单周运行模式	2.5	
	查看示教器操纵杆的动作速率为60%	2.5	
	查看示教器程序运行速率为35%	2.5	
	配置示教器操作系统，在示教器状态栏中同时显示控制器和工业机器人系统的名称	2.5	

序号	评分内容	分值	得分
	考核模块二：系统编程调试	80	
2	完成 ToTDigQuickChange 信号配置，参数配置正确	2	
	在示教器输入/输出界面，改变 ToTDigQuickChange 信号状态值，验证信号配置的正确性：值为 1 时快换接头为卸载状态（钢珠缩回）（1 分）；值为 0 时，快换接头为装载状态（钢珠弹出）（1 分）	2	
	完成 ToTDigGrip 信号配置，参数配置正确	2	
	能够手动正确安装夹爪工具（1 分）。改变 ToTDigGrip 信号状态值，验证信号配置的正确性：值为 1 时，夹爪工具张开；值为 0 时，夹爪工具闭合（1 分）	2	
	完成仓位到位信号 FrPDigArrive4 和 FrPDigArrive6 配置，参数配置正确（1 分/个）	2	
3	新建工具坐标系并命名为"DAMO_A"	2	
	查看工具坐标系的偏移值及四元数设定值与题目要求一致	4	
	查看工具质量参数为 1.5 kg	2	
	查看工具重心偏移值为 z 方向 100 mm	2	
	根据题目要求演示工业机器人在工具坐标系 DAMO_A 中沿着不同方向做线性运动，演示 1 个方向正确得 2 分，演示 3 个方向全部正确得 5 分	5	
4	总控单元 PLC 模块与仓储单元、执行单元组态正确，PLC 及设备中其他通信模块无报警（绿色指示灯亮）	3	
	按下控制面板的"自保持"绿色按钮，绿色指示灯亮	2	
	绿色指示灯亮时，仓储单元 4 号仓位气缸推出（1 分）。此时通过示教器查看 FrPDigArrive4 信号的值为 1（1 分）	2	
	再次按下控制面板的"自保持"绿色按钮，绿色指示灯灭，4 号仓位气缸缩回	2	
	按下控制面板的"自保持"红色按钮，红色指示灯亮	2	
	红色指示灯亮时，仓储单元 6 号仓位气缸推出（1 分）。此时通过示教器查看 FrPDigArrive6 信号的值为 1（1 分）	2	
	再次按下控制面板的"自保持"红色按钮，红色指示灯灭，6 号仓位气缸缩回	2	
5	正确设置工作原点（Home 点）安全姿态，数据为"Home：= [[0，0，0，0，90，0]，[9E+09，9E+09，9E+09，9E+09，9E+09，9E+09]]"	2	
	新建工业机器人轮毂拾取程序 MGetHub4	0.5	
	新建工业机器人轮毂释放程序 MPutHub4	0.5	

序号	评分内容	分值	得分
	考核模块二：系统编程调试	80	
	新建工业机器人轮毂拾取程序 MGetHub6	0.5	
	新建工业机器人轮毂释放程序 MPutHub6	0.5	
	正确编写 4 号仓位轮毂拾取程序 MGetHub4，实现以下功能。 （1）工业机器人在安装夹爪工具的状态下从 Home 点出发，运动至轮毂拾取位置（1分）； （2）工业机器人在 4 号仓位自动拾取轮毂（3分）； （3）工业机器人完成轮毂拾取后，返回 Home 点（1分）	5	
	正确编写 4 号仓位轮毂释放程序 MPutHub4，实现以下功能。 （1）工业机器人在抓取轮毂的状态下从 Home 点出发，运动至轮毂释放位置（1分）； （2）工业机器人在 4 号仓位 4 自动释放轮毂（3分）； （3）工业机器人完成轮毂释放后，返回 Home 点（1分）	5	
5	正确编写 6 号仓位轮毂拾取程序 MGetHub6，实现以下功能。 （1）工业机器人在安装夹爪工具的状态下从 Home 点出发，运动至轮毂拾取位置（1分）； （2）工业机器人在 6 号仓位自动拾取轮毂（3分）； （3）工业机器人完成轮毂拾取后，返回 Home 点（1分）	5	
	正确编写 6 号仓位轮毂释放程序 MPutHub6，实现以下功能。 （1）工业机器人在抓取轮毂的状态下从 Home 点出发，运动至轮毂释放位置（1分）； （2）工业机器人在 6 号仓位自动释放轮毂（3分）； （3）工业机器人完成轮毂释放后，返回 Home 点（1分）	5	
	创建主程序 main 并添加必要的条件判断指令	2	
	能够在手动模式下调试运行工业机器人程序，能够根据随机按下的按钮，实现对不同仓位轮毂的拾取和释放	2	
	能够在自动模式下调试运行工业机器人程序	2	
	总分		

表 7-9 "1+X" 证书中 "工业机器人集成应用职业技能等级证书" 的中级考核试题评分表

序号	评分内容	分值	得分
	考核模块一：集成系统安装	20	
1	正确组装轮辐夹爪，拧紧紧固螺丝，无松动现象，将其手动安装在快换接头上，使其能正常动作	6	

序号	评分内容	分值	得分
	考核模块一：集成系统安装	20	
1	使用气管正确连接工业机器人四轴上表面处的 1 号气管接口与末端工具快换接头主端口上的 C 气管接口，接口处连接无松动、漏气现象	2	
	使用气管正确连接工业机器人四轴上表面处的 2 号气管接口与末端工具快换接头主端口上的 U 气管接口，接口处连接无松动、漏气现象	2	
	使用气管正确连接工业机器人四轴上表面处的 3 号气管接口与末端工具快换接头主端口上的 3 号气管接口，接口处连接无松动、漏气现象	2	
	使用气管正确连接工业机器人四轴上表面处的 4 号气管接口与末端工具快换接头主端口上的 4 号气管接口，接口处连接无松动、漏气现象	2	
	使调压过滤器旁边的手滑阀处于打开状态，将气路压力调整到 0.4 ~ 0.6 MPa	2	
	合理绑扎气管，使气管不会与工业机器人及其他设备干涉，要求每根绑扎带的剩余长度不大于 1 mm，超过半数绑扎带不符合要求不得分	2	
	整理末端工具快换接头气路气管并整齐地放入线槽，盖上线槽盖板	2	
	考核模块二：系统编程调试	80	
1	查看工业机器人程序的运行模式为单周运行模式	2	
	查看示教器操纵杆的动作速率为 60%，查看示教器程序运行速率为 35%	2	
	查看创建的 Home 点程序数据为 （0，-30，30，0，90，0）	1	
2	配置工业机器人标准 I/O 板 DSQC652 及扩展 I/O 板 DN_Generic，参数配置正确	4	
	配置标准 I/O 板 DSQC652 的 3 个信号，名称、地址等参数配置正确	1.5	
	配置扩展 I/O 板 DN_Generic 的 5 个信号，名称、地址等参数配置正确	2.5	
	配置扩展 I/O 板 DN_Generic 的 8 个工业机器人输入信号，参数配置正确	4	
3	设置快换接头、夹爪工具、打磨工具动作的可编程按钮，关联正确	3	
4	总控单元 PLC 模块与仓储单元、执行单元组态正确，PLC 及设备中其他通信模块无报警（绿色指示灯亮）	5	
	仓储单元轮毂指示灯显示逻辑正确	5	
	仓储单元复位自检程序正确	5	
	PLC_1 向 PLC_2 通信发送复位自检完成信号正确，三色灯显示逻辑正确	5	
	正确编写仓位编号判断程序 FAJudge、拾取轮毂程序 PGetHub、释放轮毂程序 PPutHub；编写 PLC 程序，实现 A1/A2 流程	10	

序号	评分内容	分值	得分
	考核模块二：系统编程调试	80	
5	正确编写 6 号仓位轮毂拾取程序 MGetHub6，实现以下功能。 （1）工业机器人在安装夹爪工具的状态下从 Home 点出发，运动至轮毂拾取位置（1分）； （2）工业机器人在 6 号仓位自动拾取轮毂（4.5分）； （3）工业机器人完成轮毂拾取后，返回 Home 点（4.5分）	10	
	正确编写 6 号仓位轮毂释放程序 MPutHub6，实现以下功能。 （1）工业机器人在抓取轮毂的状态下从 Home 点出发，运动至轮毂释放位置（3分）； （2）工业机器人将轮毂放置在打磨工位（3分）； （3）正确编写更换端面打磨工具程序 PGetDMTool（3分）； （4）正确编写工业机器人打磨程序 DM（3分）； （5）正确编写工业机器人释放轮毂程序 PPutlungu（3分）	15	
	正确编写分拣程序，实现分拣功能。有轮毂，皮带启动，得 1 分；正确实现轮毂阻挡，皮带停止运行，得 1 分；推送轮毂到指定的分拣道口末端，得 1 分，正确实现其余功能，得 2 分	5	
	总分